畜禽疾病检测实训教程

李 郁 主编

U0219589

中国农业大学出版社

·北京·

内 容 简 介

《畜禽疾病检测实训教程》共分三部分内容,包括畜禽疾病兽医基础检测技能训练、畜禽疫病检测技能训练、畜禽普通病检测技能训练。每一部分内容均由基本技能训练、综合技能训练和技能实训考评方案组成。该教程力求突出动物医学、动物检疫专业的教育特色,改革传统的实践教学模式,坚持以兽医学科基础技能训练为重点,加强多学科交叉与创新技能训练的原则,密切结合现代畜牧养殖业生产实际,紧跟标准化先进技术,以"创新思维"和"精湛技艺"为核心,确定实训目标、技术路线和实训内容。本书具有较强的实用性和可操作性,从而培养学生的实践能力、创新能力和职业综合能力。

图书在版编目(CIP)数据

畜禽疾病检测实训教程/李郁主编.—北京:中国农业大学出版社,2015.12
ISBN 978-7-5655-1464-7

Ⅰ.①畜… Ⅱ.①李… Ⅲ.①畜禽-动物疾病-检测-教材 Ⅳ.①S858

中国版本图书馆 CIP 数据核字(2015)第 304242 号

书　　名	畜禽疾病检测实训教程			
作　　者	李郁　主编			

策划编辑	潘晓丽	责任编辑	潘晓丽
封面设计	郑　川	责任校对	王晓凤
出版发行	中国农业大学出版社		
社　　址	北京市海淀区圆明园西路 2 号	邮政编码	100093
电　　话	发行部 010-62818525,2625	读者服务部	010-62732336
	编辑部 010-62732617,2618	出　版　部	010-62733440
网　　址	http://www.cau.edu.cn/caup	E-mail	cbsszs@cau.edu.cn
经　　销	新华书店		
印　　刷	涿州市星河印刷有限公司		
版　　次	2016 年 1 月第 1 版　2016 年 1 月第 1 次印刷		
规　　格	787×980　16 开本　11.75 印张　210 千字		
定　　价	26.00 元		

图书如有质量问题本社发行部负责调换

编审人员

主　　编　李　郁

副 主 编　孙　裴　王希春　李　琳

编写人员　（按姓氏笔画排序）

王桂军　王菊花　王希春　孙　裴

刘雪兰　李锦春　李　琳　李　郁

赵长城　涂　健　徐前明　韩春杨

主　　审　李培英　魏建忠　祁克宗　吴金节

前　言

改革开放 30 多年来，我国畜牧业发展突飞猛进，已成为农业经济中的支柱产业，在国民经济中发挥着越来越重要的作用。而畜禽疾病作为影响畜牧业健康发展的重要因素，历来受到世界各国的重视，在兽医科学技术研究中居首要位置。随着我国畜牧养殖业生产的高速发展，特别是在规模化、集约化养殖业发展中出现的管理不当，致使畜禽疾病的发生在一定程度上更加复杂化，进而在疾病防制上出现了很多漏洞，这不仅造成大批畜禽死亡和畜产品的损失，影响人民生活和对外贸易，而且某些人畜共患病还给人民健康带来严重威胁。目前，畜禽疾病的发生和流行具有以下明显特征：一是疾病种类明显增多、危害严重，其中以传染病的发生为最多；二是多种致病因子疾病已成为发病的主要形式；三是呼吸道综合征的问题日益突出；四是繁殖障碍性疾病普遍存在；五是病原体发生遗传变异或血清型发生改变，增加了诊断、免疫和防制的难度；六是临床表现形式发生改变，许多疾病呈现一病多型、一病多症、一症多病；七是病毒病成为传染性疾病的主体；八是免疫抑制性疫病危害深重；九是细菌对药物耐受性增强；十是非病原体致病的因素日益突出。

本着"环境控制和饲养管理是基础，疫苗和药物预防是手段，诊断与监测是保障"的畜禽健康养殖新思路，我们根据长期的临床实践和教学经验，编写了本书。本书紧扣动物医学、动物检疫等相关专业的培养目标，系统总结了畜禽疾病检测必须掌握的基本技能，以及兽医临床上进行畜禽疾病检测的综合技能，充分体现了以技能训练为导向，科学设计、合理安排实训内容的特点。本书不仅可作为动物医学、动物检疫等专业的实训教材，还可作为各级兽医和检疫工作者、畜禽饲养者、继续教育培训及相关人员的参考书和工具书。

由于编者的水平有限，书中难免有一些不足之处，敬请广大读者批评指正。

编　者
2015 年 8 月

目　　录

第三部分　畜禽普通病检测技能训练

第一部分　畜禽疾病兽医基础检测技能训练

项目 I　基本技能训练

实训一　病原菌对抗菌药物的敏感性试验（K-B 纸片法）

一、实训目标

熟悉和掌握圆纸片扩散法检测细菌对抗菌药物敏感性的操作程序和结果判定方法，了解药敏试验在实际生产中的重要意义。

二、实训器材

（一）培养基与试剂

LB 培养基，MHA 培养基，95％酒精，药敏纸片（氨苄西林、甲氧西林、头孢他啶、头孢噻吩、庆大霉素、阿米卡星、四环素、多西环素、环丙沙星、氧氟沙星、克林霉素、甲氧苄啶）等。

（二）设备与器材

分光光度计，超净工作台，恒温振荡培养箱，酒精灯，酒精棉球，锥形瓶，无菌平皿，移液器，涂布棒，镊子等。

（三）其他

大肠杆菌，沙门菌，金黄色葡萄球菌。

三、技术路线

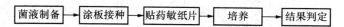

菌液制备 → 涂板接种 → 贴药敏纸片 → 培养 → 结果判定

四、实训内容

1. 菌液制备

将保存的菌种置于 LB 培养基 37℃恒温振荡培养 12～14 h,实验时将菌液浓

度稀释至 10^6 cfu/mL。

2. 涂板接种

细菌悬液制备后 15 min 内接种至倒好的 MHA 平板中,接种量 0.1～0.2 mL,涂布均匀。

3. 贴药敏纸片

涂布后的平板在室温下干燥 3～5 min,用无菌镊子将药敏纸片贴于琼脂表面并轻压,使纸片与琼脂表面完全接触。各纸片中心相距应大于 20 mm,纸片贴上后不能再移动位置。

4. 培养及结果判定

将平板倒置放入 37℃培养箱培养,16～18 h 后读取结果。根据药物纸片周围抑菌圈直径大小,判断该菌对各种药物的敏感程度,依次可分为:敏感、中介和耐药(表 1-1)。

表 1-1　抗生素敏感度的标准

抗生素药物	纸片含量/μg	抑菌圈直径/mm (仅适用于肠杆菌科)			抑菌圈直径/mm (仅适用于葡萄球菌属)		
		敏感	中介	耐药	敏感	中介	耐药
氨苄西林	10	≥17	14～16	≤13	≥29	—	≤28
哌拉西林	100	≥21	18～20	≤17			
甲氧西林	5	—	—	—	≥14	10～13	≤9
头孢他啶	30	≥21	18～20	≤17	≥18	15～17	≤14
头孢噻吩	30	≥18	15～17	≤14	≥18	15～17	≤14
庆大霉素	10	≥15	13～14	≤12	≥15	13～14	≤12
阿米卡星	30	≥17	15～16	≤14	≥17	15～16	≤14
四环素	30	≥15	12～14	≤11	≥19	15～18	≤14
多西环素	30	≥14			≥16	13～15	≤12
环丙沙星	5	≥21	16～20	≤15	≥21	16～20	≤15
氧氟沙星	5	≥16	13～15	≤12	≥18	15～17	≤14
克林霉素	2	—	—	—	≥21	15～20	≤14
甲氧苄啶	5	≥16	11～15	≤10	≥16	11～15	≤10

(李琳)

实训二 病原菌对抗菌药物的敏感性试验
（MIC 和 MBC 测定）

一、实训目标

熟悉体外抗菌试验操作技术，掌握抗菌药物的最低抑菌浓度（minimum inhibitory concentration，MIC）和最低杀菌浓度（minimum bactericidal concentration，MBC）测定方法及其用途。

二、实训器材

（一）培养基与试剂

MH 肉汤，普通营养琼脂平板，麦康凯平板，95％乙醇溶液，蒸馏水，抗生素（环丙沙星、庆大霉素）等。

（二）设备与器材

分光光度计，分析天平，高压蒸汽灭菌器，恒温振荡培养箱，超净工作台，接种环，10 mL 容量瓶，平皿，96 孔板，移液枪等。

（三）其他

大肠杆菌，金黄色葡萄球菌。

三、技术路线

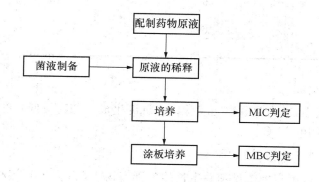

四、实训内容

1. 菌液的准备

在已经保菌的菌种平板上挑取单个典型菌落接种于 MH 肉汤中活化,大肠杆菌接种于麦康凯平板,金黄色葡萄球菌接种于普通营养琼脂平板,再挑取单个典型的菌落接种于 MH 肉汤中,37℃振荡培养 12~14 h。实验时用 MH 肉汤将菌液浓度稀释至 10^7 cfu/mL。

2. 药物原液配制

按照药物说明规格,称取药物与灭菌蒸馏水配制成 1 280 μg/mL 的药物原液。

3. MIC 的测定

取灭菌的 96 孔板一块,选取一排(共 12 个孔)在第 1 孔加 MH 肉汤 160 μL,其余各孔均加 100 μL。在第 1 孔内加入药物原液 40 μL,混匀后吸取 100 μL 到第 2 孔,混匀,再吸取 100 μL 至第 3 孔,依此类推至第 10 孔,再从第 10 孔吸取 100 μL 弃去,此时,各孔抗菌药物的实际含量依次分别为 256、128、64、32、16、8、4、2、1、0.5 μg/mL,第 11、12 孔不加药物。随后用移液枪分别移取 100 μL 稀释好的菌液加入除 11 孔外的各孔中,第 11 孔加 MH 肉汤 100 μL。第 11 孔和 12 孔分别做阴性和阳性对照。置 37℃培养箱培养 24 h。MIC 实验方案见表 1-2。

表 1-2　MIC 实验方案

项目	孔　号								
	1	2	3	…	8	9	10	11	12
肉汤量/μL	160	100	100	100	100	100	100 弃100	200	100
药液量/μL	40							—	—
菌液量/μL	100	100	100	100	100	100	100	0	100
药物浓度/(μg/mL)	128	64	32	…	1	0.5	0.25	0	0

4. MIC 值的判定

在 96 孔板中,以肉眼观察无絮状物或沉淀生成的药物最低浓度孔中的药物浓度为该试验药物的 MIC。

5. 药物最小杀菌浓度(MBC)的测定

从上述 MIC 测定中未见细菌生长的各管肉汤中取 0.1 mL 接种于平板上,大肠杆菌接种于麦康凯平板,金黄色葡萄球菌接种于普通营养琼脂平板,做好标记,37℃培养16～18 h,仍无菌生长的孔内最低药物浓度即为该药的 MBC。

(李琳)

实训三　环境消毒效果的测定

一、实训目标

了解和熟悉环境消毒效果测定的要点和方法,掌握常用的环境消毒效果测定方法。

二、实训器材

(一)培养基与试剂

普通营养琼脂平板,生理盐水或缓冲液,95％乙醇溶液,生物指示剂等。

(二)设备与器材

真空吸引器,薄膜过滤器,振荡器,恒温培养箱,超净工作台,棉拭子,试管等。

三、技术路线

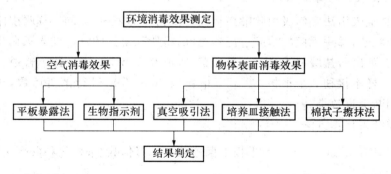

四、实训内容

1. 空气消毒效果的测定

(1)平板暴露法　此法在消毒处理后、操作前进行采样。将普通营养琼脂平板放在室内各采样点处,采样高度为距地面1.5 m,采样时将平板盖打开,扣放于平板旁,暴露 5 min,盖好立即送检。采样点设置:室内面积≤30 m²,设内、中、外对角线 3 点,内、外点布点部位距墙壁 1 m 处;室内面积＞30 m²,设 4 角及中央 5 点,4 角的布点部位距墙壁 1 m 处。将采样后的平板放 37℃培养箱培养 24 h,计数每个平板上的菌落数,并计算每立方米空气含菌量。

平板暴露法结果计算公式:

$$细菌总数(cfu/m^3)=50\ 000\ N/(A\times T)$$

式中,A 为平板面积(cm^2);T 为平板暴露时间(min);N 为平均菌落数(cfu)。

结果判定:

Ⅰ类区域:细菌总数≤10 cfu/m^3(或 0.2 cfu/平板)为消毒合格;Ⅱ类区域:细菌总数≤200 cfu/m^3(或 4 cfu/平板)为消毒合格;Ⅲ类区域:细菌总数≤500 cfu/m^3(或 10 cfu/平板)为消毒合格。

(2)生物指示剂法 在灭菌程序验证中,尽管可通过灭菌过程中对某些参数的监控来评估灭菌效果,但生物指示剂的被灭杀程度,是评价灭菌程序有效性最直观的指标。生物指示剂菌种选用枯草芽孢杆菌,在使用前测定其初期菌数,应不少于 10 个。在消毒灭菌前,将装有枯草芽孢杆菌生物指示剂的表面皿置于各被测房间内的中央地面,灭菌前打开表面皿,灭菌结束后,将枯草芽孢杆菌生物指示剂放入大豆酪素消化液体培养基中,在 37℃下培养 3 d,看细菌是否被杀灭,若没有细菌生长,则为合格。

2. 物体表面消毒效果的测定

(1)真空吸引法 使吸引喷嘴接近需检查物体的表面,随同空气吸引附着于物体表面的粒子,并用无菌的薄膜过滤器过滤,将所采集到的样品注入灭菌生理盐水或缓冲液(如磷酸盐缓冲液)中,充分振荡,吸取 0.1 mL 液体接种于普通营养琼脂平板,每一样本接种 3 个平板,置 37℃培养箱 36～48 h,进行菌落计数,根据菌落的数量判断消毒效果。

采样结果计算方法:

$$细菌总数(cfu/m^2)=平板上菌落数\times稀释倍数/采样面积(cm^2)$$

结果判定:Ⅰ、Ⅱ类区域:细菌总数≤5 cfu/m^2 为消毒合格;Ⅲ类区域:细菌总数≤10 cfu/m^2 为消毒合格;Ⅳ类区域:细菌总数≤15 cfu/m^2 为消毒合格。

(2)培养皿接触法(Rodac plate 法) 培养皿接触法最为简单,但仅适用于平的表面。方法是用灭菌的琼脂培养基(通常直径为 50 mm)的凸起面直接与设备表面接触,然后加盖在预定时间内(如 18～24 h 或 36～48 h)和规定温度下(如

30～35℃或 20～25℃)进行培养。结果判定同空气消毒效果的测定中的平板暴露法。

(3)棉拭子擦抹法　此方法简单可行,应用较为广泛。消毒结束后,可对实验室内的机械表面、内部及缝隙间、墙壁、窗台、试验台等表面的一定面积,用浸有灭菌生理盐水或缓冲液(如磷酸盐缓冲液)的棉拭子充分擦拭,剪去手接触部位后,放入含有缓冲液的试管中,并在混匀器上振荡 20 s,吸取 0.1 mL 液体接种于普通营养琼脂平板,每一样本接种 3 个平板,置 37℃培养箱 36～48 h,进行菌落计数,根据菌落的数量判断消毒效果。结果判定同物体表面消毒效果的测定中的真空吸引法。

(李琳)

实训四　常见动物中毒毒物分析与检验

一、实训目标

了解毒物分析的原理和操作方法,掌握亚硝酸盐和氰化物中毒的检验方法。

二、实训器材

(一)试剂

1％氰化钾溶液,对氨基苯磺酸溶液,α-萘胺(甲萘胺)溶液,20％硫酸亚铁溶液(新鲜配制),10％氢氧化钠(钾)溶液,10％碳酸钠溶液,10％酒石酸溶液,5％三氯化铁溶液,10％盐酸,蒸馏水等。

(二)设备与器材

苦味酸试纸条,滤纸,橡皮管,烧杯,锥形瓶,玻璃棒,漏斗,注射器,针头,剪刀,药匙,离心机,酒精灯,支架,石棉网,水浴锅等。

(三)实验动物

中毒畜禽。

三、技术路线

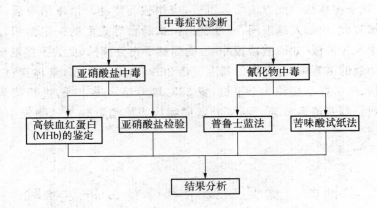

四、实训内容

(一)中毒症状诊断

1. 亚硝酸盐中毒

(1)消化道症状　流涎、呕吐、腹泻,排尿频繁。

(2)缺氧症状　心跳快而弱,呼吸困难,可视黏膜发绀。

(3)运动障碍　肌肉震颤无力,共济失调,卧地不起,四肢划动。

(4)其他　耳鼻、四肢末端发凉,体温正常或下降。

2. 氰化物中毒

(1)消化道症状　流涎、流泪,排粪排尿增多,猪呕吐,反刍动物瘤胃臌气。

(2)呼吸系统症状　呼吸急促、困难,甚至张口喘气,呼出的气体有苦杏仁味,可视黏膜鲜红色。

(3)神经系统症状　先兴奋,全身肌肉震颤;后肌肉痉挛,甚至角弓反张。

(二)亚硝酸盐中毒的定性检验

1. 高铁血红蛋白的鉴定

(1)取血液少许于小试管内,用力振摇,血液不变色,可认为是高铁血红蛋白,通常血液会与空气中的氧结合呈鲜红色。

(2)取血液少许于小试管内,滴入数滴1‰氰化钾溶液,若有高铁血红蛋白,血液立即由棕褐色变为鲜红色。

2. 亚硝酸盐检验(格里斯法)

(1)原理　亚硝酸盐使对氨基苯磺酸重氮化后,再与 α-萘胺起偶氮反应,生成紫红色染料。

(2)检材　胃内容物、呕吐物中亚硝酸盐的提取:取上述检材 10～20 g 加适量蒸馏水调成糊状,过滤,滤液若有颜色,可用活性炭脱色。血清:静脉采血后离心沉淀,分离血清备用。

(3)操作　取滤液(或血清)1～2 mL 于试管中,加对氨基苯磺酸溶液及 α-萘胺溶液各数滴,如有亚硝酸盐立即出现紫红色。

(三)氰化物中毒的定性检验

1. 普鲁士蓝法

本法是检验氰化物的特效反应方法,灵敏度高。

(1)原理　检材中的氰化物遇酸分解出氢氰酸,氰离子在碱性溶液中与亚铁离子作用,生成亚铁氰化钠(钾),在酸性溶液中与高铁离子化合,生成亚铁氰化铁(普鲁士蓝)。

(2)检材　胃内容物、血液,为最好的检材,富含血液的内脏(如肺、脑、肝等)也可作检材。

(3)操作　取检材 5～10 g 切碎,置于三角瓶中,加适量水调成糊状,加入几滴 10%的盐酸。取滤纸一小方块在其上滴加 20%硫酸亚铁 2 滴及 10%氢氧化钠(钾)2 滴,将此滤纸覆盖三角瓶口。在瓶底缓缓加热,待有蒸汽上冒,取下滤纸,在滤纸上滴加 10%盐酸及 5%三氯化铁,若出现蓝色斑或蓝绿色斑者,表示有氰离子的存在,前者含量较多,后者含量较少。有时反应不明显,需放置 12 h 后,蓝色反应才出现。

2. 苦味酸试纸法

(1)原理　氰化物在酸性条件下加热生成氢氰酸,遇碳酸钠生成氰化钠,再和苦味酸作用生成异氰紫酸钠,呈玫瑰红色。

(2)操作　取样品 5 g(mL),置于 125 mL 三角瓶中,加蒸馏水 10～15 mL,浸没样品,取大小与三角瓶口适合的中间带有小孔的橡皮塞,孔内塞入内径 0.5～0.7 cm 的玻璃管,管内悬苦味酸试纸条,临用时滴加 1～2 滴 10%碳酸钠溶液使之湿润。向三角瓶中加 10%酒石酸溶液 5 mL,立即塞上带苦味酸试纸的塞,置 40～50℃的水浴锅加热 30～40 min,观察试纸颜色。如试纸变成红色,则为阳性;如不变色表示阴性或含量低于 5 mg/kg。

（李琳）

实训五　猪血液生理指标的常规检测

一、实训目标

掌握红细胞沉降速度（血沉）、血红蛋白、溶血和红细胞压积的检验方法。

二、实训器材

（一）试剂

碘酊，柠檬酸钠（枸橼酸钠），草酸钾（钠）或乙二胺四乙酸二钠，盐酸，肝素，氢氧化钠，氰化钾，高铁氰化钾，无水磷酸二氢钾，TritonX-100 或其他非离子表面活性剂，硫酸亚铁，氯化钠，乙醚，生理盐水，蒸馏水等。

（二）设备与器材

魏氏血沉管，"六五"型血沉管或三用血沉管，沙利氏血红蛋白计（沙利氏血红蛋白计 1 套，包括沙利氏吸管 1 支、测定管 1 支、装有标准玻璃色板的比色计 1 个），分光光度计，红细胞压积容量测定管（温氏管），离心机，手术器械，血沉架，试管架，注射器，试管，毛细吸管，玻璃棒，滴管，容量瓶，滤纸，棕色瓶，蓝色或紫色滤光板，棉球，橡皮乳头等。

（三）其他

猪新鲜血液或抗凝血。

三、技术路线

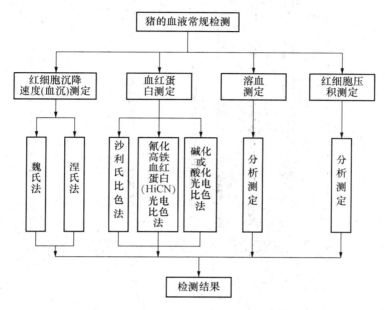

四、实训内容

(一)红细胞沉降速度的测定

红细胞沉降速度或称血沉(ESR),是指抗凝血在特制的玻璃管(血沉管)中,在单位时间内,观察红细胞下降的毫米数。其方法很多,主要介绍魏氏和涅氏两种方法。

1. 原理

红细胞沉降速度与红细胞数目的多少、红细胞串钱状的形成、血浆蛋白的组成以及测定时室温的变化、血沉管倾斜的程度等因素有关。

2. 操作方法

(1)魏氏法　魏氏血沉管长 30 cm,内径为 2.5 mm,管壁有 200 个刻度,每一刻度之间距离为 1 mm,在容量约为 1 mL 部分,由上向下刻有 0～200 的刻度,并带有血沉架,如图 1-1 所示。

测定方法如下:

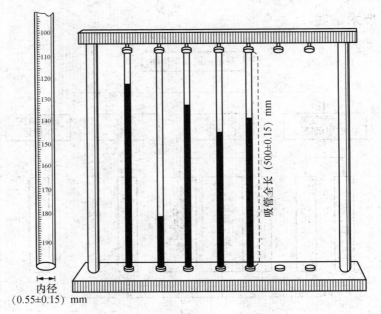

图 1-1　魏氏血沉架装置

①取 3.8％柠檬酸钠液 0.4 mL 置于小试管中。

②自猪颈静脉采血 1.6 mL，加入上述试管中，立即轻轻混匀。

③用血沉管吸取上述混合的抗凝血至刻度"0"处，用棉花擦去管外血液，直立于血沉架上，注意防止气泡的产生。

④置于室温中观察，经 15、30、45、60 min，分别记录红细胞沉降的刻度数，用分数形式表示（分母代表时间，分子代表沉降的刻度数）。

（2）涅氏法　涅氏血沉管有两种，一种仅有 100 个刻度者，称为"六五"型血沉管，全长 17～20 cm，内径 0.9 cm，在容积为 10 mL 的部分，由上至下刻有 0～100 的刻度，见图 1-2。另一种称为三用血沉管，除有供测定血沉的刻度之外，一侧自上而下标有 20～125，用来表示血红蛋白的百分数，管中央自上而下标有 1～13，用来表示红细胞数（百万/mm³）。二者测定血沉的结果是一致的，故可以通用。

测定方法如下：

①将动物保定后，剪去颈静脉附近的毛，用碘酊消毒，然后用注射器采静脉血。

②放入预先加有抗凝剂（草酸钾或钠粉末 0.02～0.04 g 或 10％ EDTA-Na$_2$ 溶液 4 滴）的血沉管中至刻度"0"处，轻轻颠倒血沉管混合数次，使血液与抗凝剂充分混合。

③将血沉管垂直立于血沉管架或试管架上,经 15、30、45、60 min,分别读取血沉管上与红细胞柱高相当的刻度数,即为各个时间红细胞沉降的数值。

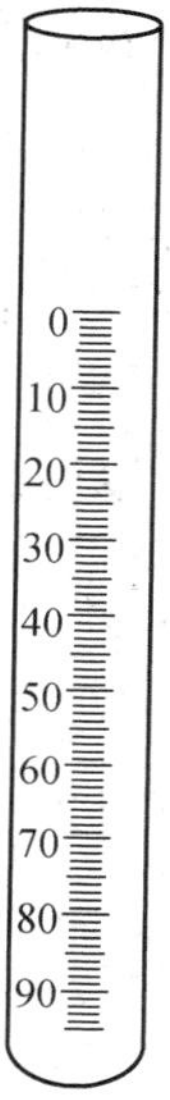

3. 注意事项

(1)沉降管应垂直静立,不能稍有倾斜;血沉管必须清洁,吸取血液时避免产生气泡。

(2)沉降率随温度的升高而加快,故在室温 20℃左右时测定为宜。

(3)报告结果时,必须注明所使用的测定方法。

(二)血红蛋白测定

血红蛋白(homoglobin,Hb)是一种含铁的有色蛋白,是红细胞的主要内含物,它是血红素和珠蛋白肽链连接而成的一种结合蛋白,属色素蛋白。每个正常红细胞内所含的血红蛋白占红细胞重量的 32%～36%,或红细胞干重的 96%。

图 1-2 六五型
血沉管

血红蛋白测定是指测定并计算出每升血液中血红蛋白的质量(g)。常用的测定血红蛋白方法有沙利氏比色法、氰化高铁血红蛋白(HiCN)测定法和碱化或酸化光电比色法。

1. 沙利氏比色法

(1)原理 血液与盐酸作用后,变成褐色的盐酸高铁血红蛋白,与标准比色柱相比,然后换算出每升血液中的血红蛋白质量(g)。

(2)操作方法

①沙利氏血红蛋白计是以 100 mL 血液含 14.5 g 血红蛋白为 100%而设计的。其方形和圆形测定管的两侧有刻度:一侧有 2～24 的,表示 100 mL 血液中含有血红蛋白的质量(g);另一侧刻有 20～160 的,表示 100 mL 血液中血红蛋白的百分数。比色时,将测定管放在两侧附有标准色柱的比色架中。此外,还备有容积为 20 mm³ 的吸血管、玻璃棒及滴管。沙利氏血红蛋白计见图 1-3。

②在测定管内加入盐酸溶液 4～5 滴,一般以 5 滴为宜。

③用沙利氏吸管吸取血液至刻度 20 μL 处,用棉花擦去管尖外部的血液,立即将管中的血液吹入测定管的底部,并轻轻吸吹上清液数次;然后用细玻棒搅拌,使血液与盐酸充分混合,静置 10 min,使血液充分酸化。

④待测定管内的血液变成类似咖啡色后,缓缓滴入蒸馏水,并用细玻棒搅动,

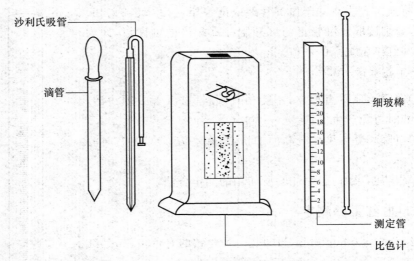

沙利氏吸管

滴管

细玻棒

测定管

比色计

图 1-3　沙利氏血红蛋白计

直至颜色和标准色柱一致时为止;读取测定管内液体凹面的刻度数,即为 100 mL 血液中血红蛋白的质量(g)。所读取的数值乘以 10,即为每升血液中血红蛋白的质量(g)。

2. 氰化高铁血红蛋白(HiCN)光电比色法

(1)原理　血红蛋白分子中的亚铁离子(Fe^{2+})被氰化钾氧化成高铁离子(Fe^{3+}),生成高铁血红蛋白(Hi),高铁血红蛋白再与氰离子(CN^-)结合形成极为稳定的血红蛋白衍生物,即氰化高铁血红蛋白(HiCN)。HiCN 在波长 540 nm 处有最大吸收峰,HiCN 在波长 540 nm 的吸光度值与 HiCN 浓度成正比,血红蛋白浓度可由分光光度计所测定的吸光度值计算得出。

(2)操作方法

①氰化高铁血红蛋白转化液的配制:氰化钾 50 mg;高铁氰化钾 200 mg;无水磷酸二氢钾 114 mg;TritonX-100 或其他非离子表面活性剂 0.5～1.0 mL,然后加蒸馏水溶解,定容至 1 000 mL,用滤纸过滤后,置棕色瓶中,可密封保存于冷暗处数月,若溶液由淡黄色透明状转变为绿色或浑浊则应废弃。

②以 EDTA-Na_2 为抗凝剂,加入血液后抗凝剂的终浓度为 3.7～5.4 μmol/mL,取抗凝血 20 μL 加入 5 mL 血红蛋白转化液中,充分混匀,避光放置 5 min。

③用分光光度计测定 HiCN 溶液的吸光度值。比色,波长 540 nm,光径 1 cm,以转化液或蒸馏水作为空白,测定吸光度(A)。

④计算

$$血红蛋白（g/L）=测定管吸光度×（64\ 458÷44\ 000）×251$$
$$=测定吸光度×367.7$$

式中,64 458 为目前国际公认的血红蛋白平均相对分子质量;44 000 为 1965 年国际血液标准化委员会公布的血红蛋白摩尔吸光度;251 为稀释倍数。

（3）注意事项

①可用末梢血液直接测定,静脉血按每毫升血液 1.5 mg EDTA-Na$_2$ 的比例抗凝,不可用肝素抗凝（可致混浊）。

②HiCN 稀释液不能贮存在塑料瓶中,否则会使 CN$^-$ 丢失,测定结果偏低。HiCN 稀释液应贮存在棕色有塞玻璃瓶中,4℃冰箱保存一般可用数月,但不能在 0℃以下保存,因为结冰可引起高铁氰化钾还原,使溶液褪色失效。

③氰化钾是剧毒品,配制稀释液时要按剧毒品管理程序操作。测定后的废液不能与酸性溶液混合,因为氰化钾遇酸可产生剧毒的氰氢酸气体。为防止氰化钾污染环境,比色测定后的废液集中于广口瓶中。

应注意废液处理,可用除毒液除毒。除毒方法:取硫酸亚铁（FeSO$_4$·7H$_2$O）二份,加 NaOH 一份,在研钵中研细,配成 100 g/L 的悬液。每 1 000 mL 废液加上述除毒液 5 mL,放置 3 h,不时搅拌,使剧毒的氰化钾成为无毒的亚铁氰化钾。

3. 碱化或酸化光电比色法

（1）原理　盐酸或氢氧化钠稀释液能使血中所有的血红蛋白都转变为一种稳定的血红蛋白衍生物,在波长 540 nm 处有最大吸收峰。能测出血中血红蛋白总量。

（2）操作方法

①配制试剂:酸化法用 1.5 mol/L HCl 溶液,碱化法用 8 mol/L NaOH 溶液。

②标准曲线的绘制:取已知血红蛋白含量的血液（即以测铁法准确测得的或用校正过的血红蛋白计反复测得的血红蛋白含量的血液）,作 1/100、1/200、1/400、1/800、1/1 600 稀释。取以上稀释液各 4 mL,各加入 1.5 mol/L HCl 溶液 4 滴混匀。放置 15～20 min 后,用蓝色或紫色滤光板,以蒸馏水校正零点,进行光电比色。以光密度为纵坐标,血红蛋白质量（g）为横坐标,绘制曲线。

③于试管中加入生理盐水 4 mL,取血 20 mm^3,吹入生理盐水内混匀。

④加入 1.5 mol/L HCl 溶液 4 滴混匀。

⑤放置 15～20 min 后,用蓝色或紫色滤光板,以蒸馏水校正零点,进行光电比色。查标准曲线,求得结果。

⑥碱化法是加入 8 mol/L NaOH 溶液 1 滴,按上述方法制备标准曲线后进行测定。

(三)溶血(红细胞渗透脆性)检测

1. 原理

红细胞在高渗溶液内会失去水分而皱缩;反之,在低渗溶液内,则水分进入红细胞,使红细胞由两面凹陷的圆盘形变为球形,如继续膨大,会发生破裂并释放出血红蛋白,即溶血。红细胞对低渗溶液的耐受力高,不易破裂,即脆性低;耐受力低,红细胞易破裂,即脆性高。各种有机溶剂、酸或碱都会使红细胞发生裂解,称化学性溶血。

2. 操作方法

(1)将试管分别排列在试管架上,按表 1-3 把 1% NaCl 溶液稀释成不同浓度的低渗溶液,每管均为 2 mL。

表 1-3　1% NaCl 的稀释

试剂	试管号									
	1	2	3	4	5	6	7	8	9	10
1% NaCl/mL	1.40	1.30	1.20	1.10	1.00	0.90	0.80	0.70	0.60	0.50
蒸馏水/mL	0.60	0.70	0.80	0.90	1.00	1.10	1.20	1.30	1.40	1.50
NaCl 浓度/%	0.70	0.65	0.60	0.55	0.50	0.45	0.40	0.35	0.30	0.25

(2)采取颈静脉血,将新鲜血液与抗凝剂混合(1%肝素 0.1 mL,可抗凝 10 mL 血液)。

(3)用滴管吸取抗凝血,在上列各管中加入大小相等的血液 1 滴,轻轻摇匀后将试管在室温下静置 1 h,从高浓度开始观察各管的溶血情况,也可用 5%红细胞悬液代替血滴。

(4)结果判断　上层浅黄、透明,下层有红色沉积物者为无溶血;上层液体开始微呈淡红色,而大部分红细胞下沉,表明红细胞开始溶血,称最小抗力(最高脆性)。凡液体呈均匀红色,管底无红细胞沉积,表明红细胞完全溶血,称最大抗力(最低脆性)。

(5)化学性溶血　在 4 支试管中加入 1 mL 红细胞悬液,然后分别加入 1 mL 0.9% NaCl 溶液、0.1 mol/L HCl 溶液、0.1 mol/L NaOH 溶液、0.2 mL 乙醚,半

小时后观察各管的溶血情况。

3. 注意事项

(1)配制不同浓度的氯化钠低渗溶液时应力求准确、无误。

(2)抗凝剂最好为肝素,其他抗凝剂可改变溶液的渗透性。

(3)试管要编号,各管中加入的血滴大小应尽量相等并充分摇匀,混匀时,轻轻倾倒1～2次,避免用力震荡,避免非渗透脆性溶血。

(四)红细胞压积容量(PCV)的测定

1. 原理

血液由血细胞和血浆组成,加抗凝剂使血液成为抗凝血,静置或经过离心,可将血细胞和血浆分离。上面无色(或淡黄色)透明的部分为血浆,下面红色部分为红细胞,在红细胞与血浆之间有一薄层灰白色部分为白细胞和血小板。若不加抗凝剂任其自然凝固则析出血清。血液脱去纤维蛋白后也不会凝固,称脱纤血。血细胞占全血的体积百分比叫红细胞比容,可用分血管[如温氏分血管(Wintrobe管)]离心测定。在100刻度玻璃管中,加入抗凝血,经一定时间离心后,红细胞下沉并紧压于玻璃管中,读取红细胞柱所占的百分比,即为红细胞压积容量。

2. 操作方法

①红细胞压积容量测定管(温氏管),为一厚壁细玻璃管,管长11 cm,内径约2.5 mm,上下均匀一致,内底平坦,管壁有100个刻度,一侧刻度自下而上,供红细胞压积容量测定,另一侧刻度自上而下,供血沉测定用。细胞压积容量测定管及冲液长针头见图1-4。

②长毛细吸管(用于向测定管内注加抗凝血),可用玻璃管自行烧制,细端应较测定管稍长,粗端配上橡皮乳头。

③用毛细吸管的长针头吸满抗凝血,注入红细胞压积容量测定管内至底部,轻捏胶皮乳头,自下而上挤入血液至刻度10处。

④将红细胞压积容量测定管置离心机中,以3 000 r/min的速度离心60 min,取出观察压紧的

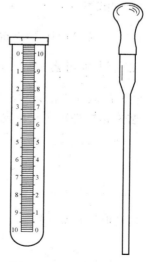

图1-4　红细胞压积容量测定管及冲液长针头

红细胞层与右侧管壁相当的长度(cm),记录红细胞层高度,然后把测定管再放入离心机内,同等速度再离心 5 min,如与第一次离心的高度一致,此时红细胞柱层占的刻度数,即为 PCV 数值,用百分数表示。

3. 注意事项

温氏管及充液用具必须干燥,以免溶血;离心时,离心机的转速必须达到3 000 r/min 以上,并遵守所规定的时间;用一般离心机离心后,红细胞层呈斜面,读取时应取斜面 1/2 处所对应的刻度数。血浆与红细胞层之间的灰白层是白细胞与血小板组成,不应计算在内。

(王菊花)

实训六　禽血液生理指标的常规检测

一、实训目标

掌握禽血红蛋白、红细胞沉降速度(血沉)和红细胞压积容量的检测方法。

二、实训器材

(一)试剂

盐酸,硫酸铜,碘酊,柠檬酸钠,乙二胺四乙酸二钠,蒸馏水等。

(二)设备与器材

沙利氏血红蛋白计(沙利氏血红蛋白计 1 套,包括沙利氏吸管 1 支、测定管 1 支、装有标准玻璃色板的比色计 1 个),红细胞压积容量测定管(温氏管),天平,离心机,容量瓶,长毛细吸管,吸血管,血沉架,玻璃棒,滴管,试管,注射器,橡皮乳头等。

(三)其他

鸡或鸭的新鲜血液。

三、技术路线

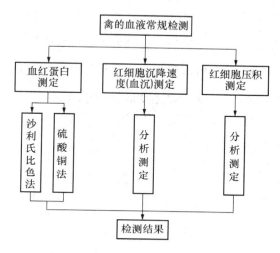

四、实训内容

(一)血红蛋白测定

血红蛋白测定即测定并计算出每升血液中血红蛋白(Hb)的质量(g)。测定家禽血红蛋白的常用方法有沙利氏比色法和硫酸铜法。

1. 沙利氏比色法

(1)原理、器材及操作方法,与测定猪血红蛋白相同,但鸡血更易凝固(凝固时间 4.5 min),吸血操作应快速敏捷或使用抗凝血。

(2)注意事项 此方法测得的血红蛋白量比实际偏高(由于盐酸破坏红细胞后,红细胞核仍悬浮在比色液中),但临床以此为标准,不影响诊断结果。

2. 硫酸铜法

(1)原理 配制不同密度的硫酸铜溶液,分别测定全血总蛋白及血浆总蛋白,从全血总蛋白减去血浆总蛋白,即得血红蛋白量(g/100 mL)。

(2)操作步骤

①密度为 1.100 g/mL 硫酸铜基本溶液的配制:称取结晶硫酸铜 159.63 g,加入蒸馏水 800 mL,使其充分溶解,待冷至 20~25℃时,再加蒸馏水 200 mL。

②不同密度的硫酸铜标准液稀释法:鸡的血浆密度为 1.029~1.034 g/mL,因

此,可将密度 1.100 g/mL 的基本溶液,以每级递减 0.004,配成 16 级不同密度的硫酸铜标准液,以每级配 50 mL,按表 1-4 配制,表中最末栏相当于全血或血浆蛋白量,按下面公式计算得来:

$$蛋白量(g/100\ mL) = 360 × (所测全血或血浆的密度 - 1.007)$$

式中,1.007 为血清无蛋白超滤液的密度;360 为常数。

表 1-4　不同密度的硫酸铜标准液

试管号	密度 1.100 g/mL 的硫酸铜溶液量/mL	加水量/mL	密度	相当于全血或血浆蛋白量/(g/100 mL)
1	7.63	42.37	1.016	3.24
2	9.63	40.37	1.020	4.68
3	11.58	38.42	1.024	6.12
4	13.54	36.46	1.028	7.56
5	15.50	34.50	1.032	9.00
6	17.50	32.50	1.036	10.42
7	19.50	30.50	1.040	11.89
8	21.50	28.50	1.044	13.32
9	23.50	26.50	1.048	14.75
10	25.50	24.50	1.052	16.20
11	27.50	22.50	1.056	17.62
12	29.50	20.50	1.060	19.08
13	31.50	18.50	1.064	20.50
14	33.52	16.48	1.068	21.95
15	35.60	14.40	1.072	23.40
16	37.67	12.33	1.076	24.85

③用吸管吸取新鲜静脉血(或血浆),距硫酸铜液面上方 1 cm 处滴下血滴。

④观察血滴在硫酸铜溶液中的浮沉和稳定状态(如不稳定,可向左或右侧的一管滴入血滴)。

⑤读取血滴在硫酸铜溶液中稳定的一管的密度数,即得血液或(血浆)的密度。

⑥如未获得与血液密度相符合的标准液管,如在密度 1.060 管内下沉,在密度 1.068 管内上浮,则血液密度为 1.064。

⑦计算。根据所测全血或血浆的密度,查表可得全血总蛋白和血浆总蛋白。

$$全血总蛋白 - 血浆总蛋白 = 血红蛋白量(g/100\ mL)$$

（3）注意事项

①硫酸铜标准液的密度，是以温度 25℃ 为标准，必要时可用密度计分别测量，以获得准确值。

②血滴滴入硫酸铜溶液中，外围生成一层蛋白铜膜，在 10～15 s 其密度不发生改变，因此应在 15 s 内进行测定。硫酸铜溶液使用不得超过 30 次，否则应重新配制标准溶液。

③本方法测定血红蛋白量，较沙利氏法简便，且数值稍低，误差很小。

（二）红细胞沉降速度及红细胞压积容量的测定

1. 红细胞沉降速度的测定

（1）原理　　正常机体的循环血液是一种混悬液，红细胞悬浮于血浆中而不沉聚。从血管中采出的血液，加入抗凝剂，静置一定时间后，会逐渐下沉。沉降速度快慢主要受血液中带电物质多少的影响。球蛋白和纤维蛋白原带正电荷，白蛋白带负电荷。当球蛋白和纤维蛋白原增多时，由于异性相吸，使红细胞失去电荷，其相互排斥力量减弱，容易形成串钱状迅速下沉，使血沉速率加快；反之，白蛋白增多时，由于同电相斥，不易形成串钱状，故下沉缓慢，血沉速率减慢。

利用红细胞压积容量测定管，将加有抗凝剂的血液用细长滴管由下向上注入测定管中，直至上方刻度 0 处，垂直立于架上，按 30 min、60 min、3 h 及 6 h 观察记录红细胞下沉的距离，即血浆层的高度值（mm）。

（2）鸡的正常参考值（单位：mm）　　30 min 为 0.5（0～1），60 min 为 1.5（1～3），3 h 为 6.7（3～10），6 h 为 14.4（10～18）。

2. 红细胞压积容量的测定

将上述血沉测定后的测定管，置离心机内，3 000 r/min 离心沉淀 15～30 min，以红细胞柱不再下沉的读数作为红细胞压积容量值（读数时由下方的 0 向上读）。

鸡红细胞压积的正常参考值为 33.7％。

（王菊花）

实训七　猪的病理剖检及病料采集

一、实训目标

初步掌握猪的剖检技术，了解猪重要脏器常见病变及对应的疾病状况，综合分析病理变化的方法,了解剖检记录以及病料采集、保存的要求。

二、实训器材

(一)试剂

消毒液,30％甘油生理盐水,50％甘油生理盐水,10％福尔马林溶液(即 37％~40％甲醛溶液),酒精棉球,乳胶手套,无水乙醇,95％乙醇,二甲苯等。

(二)设备与器材

手术刀,手术剪,锯,凿,磨刀石,绳线,注射器和针头,镊子,广口瓶,载玻片,注射器,真空采血管,冷藏瓶(箱),酒精灯等。

(三)实验动物

病(死)猪。

三、技术路线

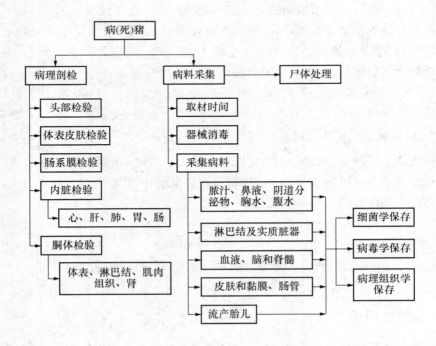

四、实训内容

(一)病理剖检

1. 动物致死

猪用放血致死法致死。

2. 头部检验

头部检验以咽颊型为主。在放血后 5 min 开始检验,沿刺刀的刀口切开两侧下颌淋巴结进行检验,检视其周围有无水肿、胶样浸润,淋巴结是否肿大,切面是否正常,有无坏死灶(紫、黑、灰),必要时切开颌下副淋巴结及扁桃体检验有无异变状,头、蹄检验有无水疱。落头前可检验咬肌有无囊虫寄生和其他病变。

3. 体表皮肤检验

待皮张剥除后检验,可结合脂肪表面的病变进行鉴别诊断,检查皮肤色泽,有无出血、充血疹块。

4. 肠系膜检验

将肠系膜淋巴结全部切开(其长度不小于 20 mm)。常见肠系膜上有充血、水肿、胶样浸润,个别病例有痈形成。

5. 内脏检验

(1)心　正常心呈淡粉红或浅棕红色,质坚实有弹性。检查心包、心外膜有无异常;心的大小、色泽是否正常,有无寄生虫(囊虫、浆膜丝虫),心肌色泽、硬度有无变化及是否有出血点,注意观察心脏冠状沟、纵沟和心耳的变化。应由表及里地根据血液出入方向顺序切开心脏检查,看房室中的血液是否呈凝固状态,二尖瓣或主动脉瓣是否出现花椰菜状赘生物或肿瘤病灶。

(2)肝　肝呈红褐色,间质多实感。检查时,首先观察肝的形状、大小、色泽,触检其弹力,先看脏面后看膈面,并剖检肝门淋巴结。切开胆管视其是否扩张,有无寄生虫侵入。如当胆管中有肝片吸虫、华支睾吸虫寄生时胆管怒张,切开胆管压至虫体溢出;蛔虫异位寄生阻塞大胆管(肝管)时可引起阻塞性黄疸。必要时应剖检胆囊,猪瘟病猪的胆囊黏膜出血;败血型猪丹毒病猪的肝肿大、瘀血,胆囊黏膜可见炎性充血、水肿。急性热性传染病、重症寄生虫病、中毒等都能引起肝肿大、出血等。胆管炎、小肠病变、肝脏代谢障碍时,会出现胆汁蓄积。结核病病猪的肝表面有小出血点,切面有针尖大小的黄白色细小结节;肝门淋巴结呈小结节状病变,切面见有紫色或黑灰色的坏死灶,也有整个淋巴结呈紫红色肿胀。常见肝小叶脂肪变性(饥饿肝),肝表面呈白色的纤维素性炎(毛肝)。

(3)肺　检验时先用清水冲洗后再检查其形状、大小、色泽,有无充血、水肿、化脓灶、纤维素性渗出物、粘连等病变。触检其弹性、质地有无变化,如发现小结节硬块时,再用刀剖开肺的实质,检查切面,依次剖检支气管淋巴结和纵隔淋巴结。结核病可见淋巴结和肺实质中有小结节、化脓、干酪化等特征;猪肺疫以纤维素性坏死性肺炎(肝变状)为特征;肺丝虫病以突出表面白色小叶性气肿灶为特征;猪丹毒以卡他性肺炎和充血、水肿为特征;猪气喘病以对称性肺的炎性水肿肉变为特征。

(4)胃　胃黏膜上有无出血点、充血、水肿、溃疡、气肿和寄生虫等,猪胃要进行触检。猪瘟病猪的胃黏膜有点状出血,患猪丹毒时胃底部出血,胃炎时黏膜充血,慢性胃黏膜炎时黏膜肥厚有皱褶;胃贲门部常见丝状胃虫(泡首线虫),有的胃虫钻入黏膜下形成结节。

(5)肠　对大小肠逐条检验,检查是否有充血、出血、溃疡等病变。猪瘟病猪的大肠回盲瓣附近有纽扣状溃疡;猪副伤寒病猪的大肠黏膜上有灰黄色糠麸状坏死性病变(纤维素性坏死性肠炎)和溃疡。

6. 胴体检验

(1)体表　在表皮检验的基础上再重复观察皮肤、脂肪、肌肉、骨骼、胸腹膜有无异常;猪瘟、猪巴氏杆菌病病猪的皮肤上有出血点和出血斑;猪丹毒病猪的皮肤上有疹块或弥漫性充血(俗称大红袍),脂肪呈鲜艳的桃红色,甚至发现肌肉中有血滴流出。黄疸病猪全身组织被染成黄色,黄脂病猪仅脂肪黄染。猪肺疫、大叶性肺炎等病猪的胸膜上可见有纤维素性炎症。

(2)淋巴结　需剖检腹股沟浅淋巴结、腹股沟深淋巴结、髂内淋巴结和髂外淋巴结、股前淋巴结,必要时剖检腘淋巴结和颈浅背侧淋巴结(肩前淋巴结)及其他淋巴结,主要看是否有特征性病理变化。如猪瘟,淋巴结边缘出血,网状出血,由红色至黑紫红色;猪丹毒淋巴结水肿、充血、多汁;结核病有结核结节,还有化脓和其他炎症等。

(3)肌肉组织检查　将股部内侧肌连同腰肌全部切开检查。为保持臀部肌肉的完整性,只沿最后腰椎开始紧贴脊椎将腰肌切开,再纵切两刀加以观察。要求纵切,切忌横切。观察有无囊虫、囊变、肉孢子虫、孟氏裂头蚴等。另外,还要注意是否有其他病变,如出血、瘀血、水肿、变性、溃疡等。患气肿疽时,剖检四肢肌肉丰满部位可见肌肉中夹杂黑色条纹,并有气泡和特异酸臭味散出。

(4)肾　在胴体检验中同时进行肾的检验,用刀划破肾包膜,检查其形状、大小、色泽和弹性。肾是泌尿系统中最主要的器官,多种传染病均可侵害肾引起病变。猪瘟病猪的肾贫血,有大小不一的出血点;猪巴氏杆菌病的肾瘀血、肿大,有大小不一的出血点;猪丹毒病猪的肾充血、肿大,有出血斑点,有时呈黑紫色;肾常有囊肿,猪肾虫在肾门附近形成较大的结缔组织包囊,切开可发现成虫。

(二)病料采集

1. 取材时间

采集病料,应在动物死亡后立即进行,夏季要在动物死亡后 2 h 内采集病料,否则,尸体腐败或因肠道内的细菌侵入内脏而造成污染,影响检验结果。取材与剖检同时进行。

2. 器械消毒

所用的器械、容器都必须消毒灭菌。一件器械只能采集一种病料,否则,必须经过火焰或煮沸消毒后,才能采集另一种病料。采集的各种脏器,应分别装入不同的容器内,但供病理组织学检查的同一动物的不同组织,可以放在一个容器内用福尔马林固定。

3. 病料采集

采集病料的种类,应根据各种传染病的特点采集相应的器官、排泄物或分泌物。如败血性传染病可采集心、肝、脾、肾、淋巴结等;肠毒血症采集小肠及其内容物;有神经症状的传染病采集脑、脊髓及脑脊液等。如果无法判别是什么传染病时,应全面采集。为避免杂菌污染,病理变化检查应在病料采集完毕后进行。各种组织及液体的病料采集方法如下:

(1)脓汁、鼻液、阴道分泌物、胸水、腹水的采集　一般用灭菌棉拭子蘸取后,放入灭菌试管中保存。对未破溃的脓汁和胸水等,可直接用灭菌注射器抽取,放入灭菌容器内。如果脓汁黏性大不易吸取,可向脓汁内先注入 1～2 mL 灭菌生理盐水,然后再吸取。

(2)淋巴结及实质脏器的采集　将淋巴结、肺、肝、脾及肾等有病变的部位各采集 1～2 cm³ 小方块,分别置于灭菌试管和瓶中。若为供病理组织检查的材料,应将典型病变部位及相连的健康组织一并切取,组织块大小宜每边 2 cm 左右,同时要避免使用金属容器,尤其是当病料供色素检查时更应注意。

(3)血液的采集　需要全血时,无菌采集 10 mL 全血,立即注入盛有含 0.5% 肝素溶液或 5% 柠檬酸钠 1 mL 的灭菌试管中,旋转混合片刻即可。要分离血清时,以无菌操作由静脉吸取 5～10 mL 血液沿试管壁流入灭菌试管中,待血液自然凝固后分离血清,吸出血清于另一灭菌试管中。从尸体采集血液时,应在血液凝固前,通常采集右心房心血,先用烧红的铁片或刀片烙烫心肌表面,然后用灭菌的手术刀烙烫处刺一切口,再用灭菌吸管或注射器吸出血液,放入灭菌的试管中。

(4)流产胎儿　将整个流产胎儿放入不漏水的桶内或用塑料薄膜包紧,装入木箱内立即送检。

(5)皮肤和黏膜的采集　采集病变局部皮肤和黏膜及其所属淋巴结,分别放入30%甘油生理盐水中。

(6)脑和脊髓的采集　无菌采集脑和脊髓1～2 cm大小的方块,放入50%甘油生理盐水中。

(7)肠管的采集　采集外观有病变部位的肠管一段(5～10 cm),两端结扎,在结扎外端剪断,放入灭菌容器内。

4. 病料的保存

病料采集后,如不能立即检验,或需要送往有关单位检验时,应当加入适量的保存剂,使病料尽量保持新鲜状态。

(1)细菌检验材料的保存　将采集的脏器组织块,保存于灭菌的饱和氯化钠溶液或30%甘油缓冲盐水中,容器加塞密封。如果是液体,可装在封闭的毛细玻管内或带盖塑料离心管中运送。

(2)病毒检验材料的保存　将采集的脏器组织块,保存于灭菌的50%甘油缓冲盐水溶液中,容器加塞密封。

(3)病理组织学检验材料的保存　将采集的脏器组织块放入10%福尔马林溶液中固定;固定液的用量应为病料的5倍以上。

(三)尸体处理

剖检完毕,对于尸体、垫料和被污染的土层一起投入坑内,撒上生石灰或喷洒消毒液后用土掩埋,有条件也可焚烧。附着于剖检器械及衣物上的脓汁和血渍等污物,先用清水洗,再作煮沸处理或用药物消毒,防止病原扩散。

(涂健)

实训八　禽的病理剖检及病料采集

一、实训目标

初步掌握家禽的剖检技术,综合分析病理变化的方法,了解剖检记录以及病料的采集、保存的要求。

二、实训器材

(一)试剂

消毒液,30％甘油生理盐水,50％甘油生理盐水,10％福尔马林溶液(即37％～40％甲醛溶液),酒精棉球,乳胶手套,无水乙醇,95％乙醇,二甲苯等。

(二)设备与器材

手术刀,手术剪,锯,凿,磨刀石,绳线,注射器和针头,镊子,广口瓶,载玻片,注射器,真空采血管,冷藏瓶(箱),酒精灯等。

(三)实验动物

病(死)鸡。

三、技术路线

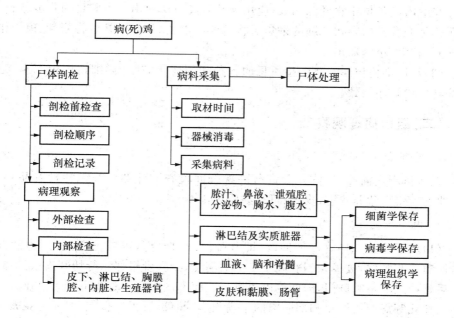

四、实训内容

(一)病理剖检

1. 动物致死

活鸡用颈部放血法致死。

2. 尸体剖检

(1)尸体剖检前外部检查　辨认尸体变化,营养状态,皮肤及皮下组织状态,可视黏膜及天然孔状态。

(2)尸体剖检顺序　剖检之前,用水或消毒水将绒毛浸湿,防止绒毛飞扬扩大传染。尸体取背卧位,将头部、两肢固定于解剖板上或钝性充分展开。剪开胸腹部皮肤,打开体腔后,把肝、脾、腺胃、肌胃和肠管一起取出。然后切去胸部肌肉,用骨剪剪去胸骨与肋骨的连接部,去掉胸骨,打开胸腔全部。再用骨剪剪开喙角,打开口腔,将舌、食管、嗉囊从颈部剥离下来。再用手术刀柄钝性分离肺,将肺、心和血管一起取出。肾位于脊椎深凹处,应用钝性剥离方法取出。鼻腔可用骨剪剪开,轻轻压迫鼻腔及其内容物。脑的采集需将关节部皮肤剥离,用骨剪将颅骨、顶骨作环形剪开,将大、小脑取出。

(3)尸体剖检记录　将剖检所见的各种病理变化完整、详细地记录下来,记录顺序与剖检顺序一致。

(二)组织病理观察

1. 外部检查

在尸体剥皮前,对尸体外表进行一次全面检查。外部检查包括检查品种、日龄、性别、毛色、营养状态、皮肤、可视黏膜等。

2. 内部检查

(1)皮下检查　将鸡尸体仰放(即背卧位)在搪瓷盘内或垫纸上,用力掰开两腿,使髋关节脱位,拔掉颈、胸、腹正中部的羽毛,沿胸骨嵴部纵行切开皮肤,然后向前、后延伸至嘴角和肛门,向两侧剥离颈、胸、腹部皮肤。观察皮下有无充血、出血、水肿、坏死等病变。注意胸部肌肉的丰满程度、颜色、有无出血点、坏死。观察龙骨是否变形、弯曲。在颈椎两侧寻找并观察胸腺的大小及颜色,有无小的出血、坏死灶。

(2)剖开胸腹腔　在后腹部,将腹部壁横行切开肌肉,顺切口的两侧分别向前剪断胸肋骨、啄骨及锁骨，最后把整个胸壁翻向头部，使整个胸腔和腹腔器官都清楚地显露出来。

（3）器官检查　体腔打开后，注意观察各脏器的位置、颜色、浆膜的状况，看体腔内有无液体、各脏器之间有无粘连。然后再分别取出各个内脏器官，先将心脏连心包一起剪离，再取出肝。在食管末端切断，向后牵拉腺胃，边牵拉边剪断胃肠与背部的联系。然后在泄殖腔前切断直肠（或连同泄殖腔一同取出），即可取出胃肠道。在分离肠系膜时，要注意肠系膜是否光滑，有无充血及肿块，在取出胃肠时，注意检查在泄殖腔背侧的腔上囊（原位检查即可，也可取出），剪开可见黏膜面湿润，皱褶明显，该器官在鸡10周龄前逐渐增大，此后随性成熟而自然退缩。在体腔打开后看气囊的厚薄，有无渗出物、霉斑等。陷于肋间内及腰荐骨凹陷处的肺和肾，可用外科刀柄或手术剪剥离取出。取出肾时，要注意输尿管的检查。口腔、颈部器官检查，剪开一侧口角，观察后鼻孔、腭裂及喉口有无分泌物堵塞、口腔黏膜有无伪膜，再剪开喉头、气管、食道及嗉囊、观察管腔及黏膜的性状、有无渗出物及渗出物的性状、黏膜的颜色，有无出血，伪膜等，注意嗉囊内容物的数量、性状及内膜的变化。取脑可先用刀剥离头部皮肤，再剪除颅顶骨，即可露出大脑和小脑，将头顶部朝下，剪断脑下部神经将脑取出。外周神经检查，在大腿内侧剥离内收肌，即可暴露坐骨神经；在脊椎的两侧可见腰荐神经丛。对比观察两侧神经粗细、横纹及颜色、光滑度。按一定顺序参照猪的剖检方法进行脏器的检查。

（4）生殖器官　公禽检查睾丸，睾丸检查可在原位进行，注意其外形、大小、质地和色泽，观察切面有无充血、出血、瘢痕、结节、化脓和坏死等。母禽卵巢的检查可在原位，注意其大小、形状、颜色，卵黄发育状况或病变，卵泡及卵巢的外形、大小、质地和色泽有无异常，输卵管位于左侧，右侧已退化，只见一水疱样结构、输卵管检查可在原位进行，观察输卵管浆膜面有无粘连、膨大、狭窄、囊肿，然后剪开，注意腔内有无异物或黏液、水肿液，黏膜有无肿胀、出血等病变。

（三）病料采集

参见第一部分项目Ⅰ实训七。

（四）尸体处理

参见第一部分项目Ⅰ实训七。

（涂健）

实训九　畜禽病理切片制作及观察

一、实训目标

掌握畜禽病理切片制作技术(本部分仅介绍石蜡切片的制备)以及综合分析病理变化的读片方法,以便对常见的畜禽疾病进行形态学初步诊断。

二、实训器材

(一)试剂

甲醛,无水乙醇,95％乙醇,二甲苯,液状石蜡,固体石蜡,蒸馏水,中性树胶,甘油,HCl溶液,氨水溶液,苏木精染色液,伊红染色液等。

(二)设备与器材

量筒,刀片,纱布,棉花,乳胶管,烧杯,试管,恒温水浴锅,恒温箱,切片机,显微镜等。

(三)其他

病料组织样品。

三、技术路线

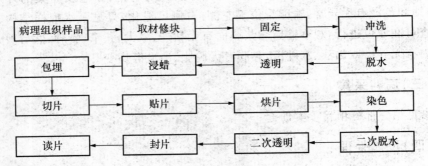

四、实训内容

(一)取材修块

取材的先后,应根据动物死后组织发生变化快慢而定。将动物杀死立即取下需要的组织或器官。初步观察所取的组织，以疑似病变的区域为中心取材，要保证组织的完整及病变的典型性，且兼顾部分正常区域以便比较，厚度不超过 1～2 mm。

（二）固定冲洗

取得的材料立即投入固定液（10%福尔马林，即 37%～40 甲醛溶液）内固定。固定时间为 24 h。固定后的材料要经过 12 h 流水冲洗，以洗去固定液。

（三）脱水

常用的脱水剂是乙醇。为了避免组织过度地收缩，从低浓度乙醇溶液开始，然后递增浓度，直至无水乙醇。各级乙醇分别脱水 2 h 左右。

（四）透明

将脱水后的材料放入无水乙醇与二甲苯等体积液中 0.5 h，再放入二甲苯（之间换一次）1 h 左右，直到组织块变得透明为止。

（五）浸蜡

将已透明的材料，经过二甲苯加等份石蜡的溶液中 0.5 h，然后移入溶化的纯蜡中，浸蜡在恒温箱内（60℃左右）进行。浸蜡时间为 4 h，中间更换石蜡一次。

（六）包埋

将溶化的石蜡倒入纸盒内，随即将已浸蜡的材料放入其中，待表面石蜡凝固后，将纸盒全部浸入水中冷却，石蜡全部凝固后，剥去纸盒即成蜡块。

（七）切片

将蜡块修整成梯形，粘在小木块上。切片时将小木块装在切片机上，将蜡块切成 5～8 μm 的薄片。

（八）贴片和烘片

将切下的蜡片放在温水中使其浮在水面上自然展开，然后将玻片伸在水中把蜡片托起，用针拨正位置，倾去载玻片上的余水，放进 50℃烘箱内 24 h。

(九)HE 染色

组织材料切成薄片后,多为无色,需经过 HE 染色,方能在显微镜下鉴别各种组织的微细结构。

1. 脱蜡

将烘干的切片放在二甲苯中,溶去切片的石蜡,此步 5 min 左右。

2. 将脱蜡后的切片经梯度乙醇溶液逐渐下行至水

将切片从二甲苯中取出依次移入二甲苯与乙醇 1∶1 混合液、无水乙醇、95％乙醇、80％乙醇、70％乙醇、50％乙醇,各级乙醇各 5 min,最后入水中 1 min。

3. 染色

将切片从水中依次移入苏木精染色液中染 15 min,蒸馏水 5 min,0.5％盐酸溶液分色数秒(在显微镜下检查核退至浅红色,细胞质及结缔组织近无色),蒸馏水 1 min,蒸馏水洗数分钟,蒸馏水 1 min,50％乙醇、70％乙醇、80％乙醇、90％乙醇各浸泡 5 min,0.5％伊红染色液(用 95％乙醇配制)染 5 min,95％乙醇分色,95％乙醇清洗 1 min。

【苏木精染色液配制】苏木精 0.6 g,硫酸铝 4.4 g,碘化钠 0.1 g,蒸馏水 130 mL。乙二醇 60 mL,乙酸 5 mL。将苏木精溶于蒸馏水中,再加入硫酸铝,然后加入碘化钠,不易溶化时稍加温,最后加入乙二醇和乙酸。

【伊红染色液配制】将伊红 0.5 g 溶于蒸馏水 3 mL 中,再加乙酸(逐滴加入,边加边搅拌),使之产生沉淀,至液体呈糨糊状,再加蒸馏水 3～5 mL,搅匀后再滴加乙酸,至不见沉淀增加。过滤,将沉淀连同滤纸放在 60℃温箱中,烘干,待伊红干燥后,加入 95％乙醇溶液 100 mL 即成。

(十)脱水、透明

把已染色的切片依次放入无水乙醇(Ⅰ)、无水乙醇(Ⅱ)5 min。切片依次移入无水乙醇与二甲苯 1∶1 混合液、二甲苯(Ⅰ)、二甲苯(Ⅱ)各级分别置 5 min。

(十一)封片

将已透明的组织切片从二甲苯中取出,滴加树胶盖上盖玻片,封存。

(十二)读片

(1)核对检查切片名称、号码、数目、大小。

（2）低倍镜（10×）全面浏览，大致了解组织结构间的关系，然后再转入高倍镜（20×及40×）观察，组织细胞的结构变化。

（3）注意镜下组织边缘部分有无上皮被覆，上皮与间质是否有明显界限或相互移行。

（4）注意镜下病变区与正常组织的界限及相互关系，有无包膜形成，组织中部有无残留的正常组织结构。

（5）注意镜下病变区有无巨大细胞及其性质；注意有无丝状分裂及其部位，是否邻近血管或见于正常组织可有丝状分裂处。

（6）对镜下炎性细胞少的坏死组织，需细察其组织结构，以免漏诊、误诊。

（涂健）

项目 Ⅱ 综合技能训练

实训一 猪病原菌感染模型的构建、检测及药物筛选

一、实训目标

了解和掌握猪病原菌感染模型的构建、检测及药物筛选的流程,认识其在疾病诊断过程中的作用和意义。

二、实训器材

(一)培养基与试剂

普通营养琼脂,麦康凯琼脂,三糖铁琼脂斜面,血清肉汤,LB 培养基,葡萄糖蛋白胨水,甲基红(M-R)试剂,V-P 试剂,95%乙醇溶液,革兰染色液,美蓝染色液,药敏纸片,蒸馏水等。

(二)设备与器材

光学显微镜,紫外可见分光光度计,恒温振荡培养箱,高压蒸汽灭菌器,超净工作台,平皿,镊子,试管,注射器和针头,剪刀,接种环,锥形瓶,涂布棒,载玻片等。

(三)实验动物

猪,小鼠。

(四)病原菌株

沙门菌。

三、技术路线

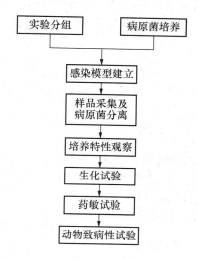

四、实训内容

1. 实验动物的分组

30 日龄、体重 10 kg 左右、性别相同的健康仔猪 8 头,随机分为 2 组,即试验组和对照组,每组 4 头。

2. 病原菌的培养

猪源致病性沙门菌接种于 LB 培养基中,37℃振荡培养 12～14 h,稀释至 1×10^7 cfu/mL,备用。

3. 感染模型的建立

试验组每头猪后肢肌肉注射菌液 0.5 mL,菌液浓度为 2×10^7 cfu/mL,对照组按照相同剂量肌肉注射无菌 LB 培养基。相同条件下按正常标准进行饲养管理,每 12 h 观察和记录一次。

4. 样品采集及病原菌的分离

2 周内如不死亡,将其放血处死,病理剖检,无菌采取组织样品于麦康凯培养基上划线分离,37℃有氧条件培养 24 h,可疑菌落接种于 LB 培养基,再划线于麦康凯培养基上,挑取单个菌落经涂片、染色、镜检,证实为纯培养物,将其接种于麦康凯培养基斜面上进行培养,得到纯培养物。

5. 培养特性观察

将病原菌接种于普通营养琼脂平板、三糖铁琼脂斜面、血清肉汤等培养基中，37℃有氧条件下培养，观察其生长表现。同时另一组置于厌氧罐中，37℃条件下培养，观察其生长表现。

6. 生化试验

用病原菌纯培养物进行糖发酵试验、吲哚试验、M-R 试验、V-P 试验、枸橼酸盐利用试验等，观察结果。

7. 药敏试验

将病原菌 24 h 血清肉汤纯培养物 10 倍稀释后，接种于普通营养琼脂平板上，每个平板接种 0.2 mL，并将其涂布均匀。然后用无菌镊子将各种药敏片分别平放在培养基表面，两片之间的距离以 2 cm 为宜，然后置 37℃ 恒温箱中培养 18～24 h，观察试验结果，并测量抑菌圈直径。

8. 动物致病性试验

取 8 只约 20 g 重的小白鼠随机分 2 组，每组 4 只。一组腹腔接种病原菌 LB 培养基培养物 0.2 mL(2×10^7 cfu/mL)，另一组腹腔注射 0.2 mL LB 培养基作空白对照。对注射后的小白鼠隔离饲养，观察其发病及死亡情况，对死亡的小白鼠立即剖检，无菌采取肝、脾病料，涂片，革兰染色，显微镜检查，并在麦康凯平板上划线分离培养。

（李琳）

实训二　禽病原菌感染模型的构建、检测及药物筛选

一、实训目标

了解和掌握家禽病原菌感染模型的构建、检测及药物筛选的流程，认识其在疾病诊断过程中的作用和意义。

二、实训器材

（一）培养基与试剂

普通营养琼脂，麦康凯琼脂，三糖铁琼脂斜面，血清肉汤，LB 培养基，葡萄糖蛋白胨水，甲基红(M-R)试剂，V-P 试剂，95％乙醇溶液，革兰染色液，美蓝染色液，

药敏纸片,蒸馏水等。

(二)设备与器材

光学显微镜,紫外可见分光光度计,恒温振荡培养箱,高压蒸汽灭菌器,超净工作台,平皿,镊子,试管,注射器和针头,剪刀,接种环,锥形瓶,涂布棒,载玻片等。

(三)实验动物

鸡,小鼠。

(四)病原菌株

鸡源致病性大肠杆菌。

三、技术路线

同第一部分项目Ⅱ实训一的技术路线。

四、实训内容

1. 实验动物的分组

15 日龄性别相同、体重相似的蛋公鸡 8 只,随机分为 2 组,即试验组和对照组,每组 4 只。

2. 病原菌的培养

鸡源致病性大肠杆菌接种于 LB 培养基中,37℃振荡培养 12～14 h,稀释至 1×10^8 cfu/mL,备用。

3. 感染模型的建立

试验组每只鸡颈部皮下注射菌液 1.5 mL(1×10^8 cfu/mL),对照组注射同等剂量无菌 LB 培养基。相同条件下按正常标准进行饲养管理,每 12 h 观察和记录鸡的状态。

4. 样品采集及病原菌的分离

7 d 后将各组鸡处死,病理剖检,无菌采取组织样品于麦康凯培养基上划线分离,37℃有氧条件培养 24 h,可疑菌落接种于 LB 培养基,再划线于麦康凯培养基上,挑取单个菌落经涂片、染色、镜检,证实为纯培养物,将其接种于麦康凯培养基斜面上进行培养,得到纯培养物。

5. 培养特性观察

将病原菌接种于普通营养琼脂平板、三糖铁琼脂斜面、血清肉汤等培养基中，37℃有氧条件下培养观察其生长表现。同时另一组置于厌氧罐中，37℃条件下培养，观察其生长表现。

6. 生化试验

用病原菌纯培养物进行糖发酵试验、吲哚试验、M-R试验、V-P试验、枸橼酸盐利用试验等，观察结果。

7. 药敏试验

将病原菌24 h血清肉汤纯培养物10倍稀释后，接种于普通营养琼脂平板上，每个平板接种0.2 mL，并将其涂布均匀。然后用无菌镊子将各种药敏片分别平放在培养基表面，两片之间的距离以2 cm为宜，然后置37℃恒温箱中培养18~24 h，观察试验结果，并测量抑菌圈直径。

8. 动物致病性试验

取8只约20 g重的小白鼠随机分2组，每组4只。一组腹腔接种病原菌LB培养基培养物0.2 mL（2×10^7 cfu/mL），另一组腹腔注射0.2 mL LB培养基作空白对照。对注射后的小白鼠隔离饲养，观察其发病及死亡情况，对死亡的小白鼠立即剖检，无菌采取肝、脾病料，涂片，革兰染色，显微镜检查，并在麦康凯平板上划线分离培养。

（李琳）

附录一　畜禽疾病兽医基础检测技能实训考评方案

项目		考评内容	考评形式与方法	时间/min	分值	备注
（一）基本理论	客观题	环境消毒效果的测定，常见动物中毒毒物分析与检验，禽血常规指标测定	笔答多媒体演示或纸质试卷	30	45	考生同一时间完成
	主观题	环境消毒效果的测定，常见动物中毒毒物分析与检验，禽血常规指标测定	笔答多媒体演示或纸质试卷	30	55	
（二）问卷调查设计	兽药应用		笔答	20	100	考生从中随机抽取1项，同一时间完成
	病理症状		笔答	20	100	
（三）基本技能	病原菌对抗菌药物的敏感性试验	K-B纸片法，微量肉汤稀释法，根据操作结果回答问题	考官验证	30	20	考生从中随机抽取1项
	猪血液生理指标的常规检测	血沉、血红蛋白、红细胞压积和溶血指标，根据操作结果回答问题	考官验证	30	20	
	畜禽的病理剖检及病料采集	病理剖检、病料采集和处理，根据操作结果回答问题	考官验证	30	20	
	病理切片制作	病料处理、切片制作，根据操作结果回答问题	考官验证	30	20	

续表

项目		考评内容	考评形式与方法	时间/min	分值	备注
（四）综合技能	猪病	病原菌感染模型的构建、检测及药物筛选	考官验证	30	100	考生从中随机抽取1项
	禽病	病原菌感染模型的构建、检测及药物筛选	考官验证	30	100	

（李琳，王菊花，涂健）

第二部分　畜禽疫病检测技能训练

项目 I 基本技能训练

实训一 染色标本制作与细菌形态学检查

一、实训目标

熟练掌握细菌固体标本(细菌涂片、血片、组织触片)的制作、常用染色方法(革兰染色、美蓝染色、瑞氏染色、姬姆萨染色、抗酸染色)、细菌形态的镜检。

二、实训器材

载玻片,接种环,各类染色液,显微镜,香柏油,二甲苯,擦镜纸,酒精灯。

三、技术路线

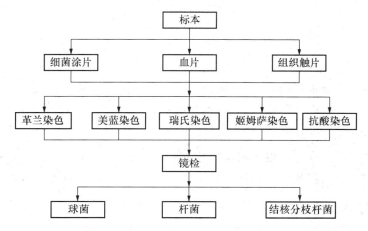

四、实训内容

(一)标本制作

1. 细菌涂片的制作

根据所用材料不同,选择不同的涂片方法。首先取一载玻片,如为液体材料

（液体培养物、血液、渗出液、乳汁等），可直接用灭菌接种环取一环，于载玻片中央均匀地涂布成适当大小的薄层。如为固体培养物（菌落、脓汁、粪便等），则先用灭菌接种环取一环无菌生理盐水或蒸馏水，置于载玻片中央，然后再用灭菌接种环取少量材料，在液滴中混合，均匀涂布成适当大小的薄层。

2. 血片的制作

取一边缘光滑整齐的载玻片，用其一端，蘸取血液少许，在另一载玻片上，以45°角度均匀地推成一条薄的血涂片。

3. 组织触片的制作

当尸体以无菌手术打开胸腹腔后，先用灭菌镊子夹持组织（如肝、脾、淋巴结等），然后用灭菌的剪刀剪下组织一小块，将组织块的切面垂直地在载玻片上轻压一下，使留下一个组织切面的压迹。也可将组织用镊子夹住，以切面在玻片上以一个方向涂抹成一薄层。

（二）标本干燥

标本涂好后，在室温中自然干燥，或将标本面向上，在火焰高处微微加温助其干燥。

（三）标本固定

1. 火焰固定

将干燥好的标本涂片面向上，用拇指和食指拿住玻片的一端，在火焰上迅速地来回通过 3～4 次，以手背触及玻片，稍感烫手即可。

2. 化学固定

将干燥好的标本涂片浸入化学固定剂（如甲醇）中 2～3 min，取出晾干即可。或在标本涂片上滴加数滴甲醇使其作用 2～3 min，自然挥发干燥即可。

（四）标本染色

染色剂包括碱性染料和酸性染料，用于细菌染色的染料大多为碱性染料，常用的碱性染料有美蓝、结晶紫、龙胆紫、碱性复红、中性红、沙黄/番红等。通常都将各种染色液配制成 95% 乙醇饱和溶液，可于棕色瓶中长期保存，使用时按需要随时以蒸馏水稀释成不同的浓度，见表 2-1。

表 2-1　常用染料在 95％酒精中的溶解度及染料原液(饱和液)的配制

染料名称	溶解度/(g/100 mL)	饱和液配制
美蓝	1.48	美蓝粉末 2 g,加 95％乙醇 100 mL
结晶紫	13.9	结晶紫粉末 15 g,加 95％乙醇 100 mL
龙胆紫	3.20	龙胆紫粉末 5 g,加 95％乙醇 100 mL
碱性复红	8.16	碱性复红 10 g,加 95％乙醇 100 mL
沙黄(番红)	3.41	沙黄粉末 4 g,加 95％乙醇 100 mL

1. 革兰染色

在已干燥、固定好的标本涂片上,滴加草酸铵结晶紫溶液,初染 1～2 min,水洗;加革兰碘溶液覆盖涂面,媒染 1～3 min,水洗;加 95％乙醇于涂片上,并轻轻摇动进行脱色 0.5～1 min,水洗;加稀释的石炭酸复红溶液(或沙黄水溶液)复染 10～30 s,水洗;吸水纸吸去水分,镜检,革兰阳性菌呈蓝紫色,革兰阴性菌呈红色。

2. 美蓝染色

在已干燥、固定好的标本涂片上,滴加适量的(足够覆盖涂抹点即可)美蓝染色液,经 1～2 min,水洗,吸水纸吸去水分,镜检,菌体染成蓝色。

3. 瑞氏染色

(1)方法一　标本涂片自然干燥(不必先做特别固定,染料中含有甲醇,可达到固定目的)后,滴加瑞氏染色液于其上,为了避免很快变干,染色液可稍多加些,或看情况补充滴加;经 1～3 min,再加约与染液等量的中性蒸馏水或缓冲液,轻轻晃动玻片,使之与染液混合,经 5 min 左右,直接用水冲洗(不可先将染液倾去),吸干或烘干,镜检。细菌染成蓝色,组织细胞的细胞质呈红色,细胞核呈蓝色。

(2)方法二　标本涂片自然干燥后,按涂片点大小盖上一块略大的清洁滤纸片,在其上轻轻滴加瑞氏染色液,至略浸过滤纸,并视情况补滴,维持不使变干;染色 3～5 min,直接以水冲洗,吸干或烘干,镜检,结果同方法一。

4. 姬姆萨染色

在 5 mL 新煮过的中性蒸馏水中滴加 5～10 滴姬姆萨染色液原液,即稀释为常用的姬姆萨染色液。标本涂片经甲醇固定并干燥后,在其上滴加足量染色液或将涂片浸入盛有染色液的染缸中,染色 30 min,取出水洗,吸干或烘干,镜检。细菌呈蓝青色,组织细的胞细胞质呈红色,细胞核呈蓝色。

5. 抗酸染色

(1)方法一　姜-尼(Ziehl-Neelsen)氏染色法。首先在已干燥、固定好的标本涂片上滴加较多的石炭酸复红染色液,将玻片置于酒精灯火焰上微微加热至产生蒸汽为度(不要煮沸),维持微微产生蒸汽 3～5 min,水洗。然后用 3‰盐酸酒精脱色,至标本无色脱出为止,充分水洗。再用碱性美蓝染色液复染约 1 min,水洗。最后吸干,镜检。抗酸性细菌呈红色,非抗酸性细菌呈蓝色。

(2)方法二　首先在固定后的标本涂片上滴加 Kinyoun 氏石炭酸复红染液,历时 3 min。然后连续水洗 90 s 后滴加 Gabbott 氏复染液,历时 1 min。最后连续水洗 1 min,吸干,镜检。抗酸性细菌呈红色,非抗酸性细菌呈蓝色。

【Kinyoun 氏石炭酸复红染液配制】将碱性复红 4 g 溶于 95％乙醇 20 mL,再缓缓加蒸馏水 100 mL 并振摇,最后加石炭酸 9 mL 混合即成。

【Gabbott 氏复染液配制】先将美蓝 1 g 溶于无水乙醇 20 mL,再加蒸馏水 50 mL,最后加浓硫酸 20 mL 即成。

(3)方法三　在已干燥、固定好的标本涂片上滴加石炭酸复红染液,染色 1 min,水洗;再用 1‰美蓝酒精液复染 20 s,水洗。吸干,镜检。抗酸性细菌呈红色。

(五)标本镜检

1. 球菌

(1)金黄色葡萄球菌($S.aureus$)　革兰染色阳性,呈圆球形,直径 0.8～1.0 μm,葡萄串状排列,无芽孢,无鞭毛,大多数无荚膜,见图 2-1。

(2)链球菌($Streptococcus$)　革兰染色阳性,呈球形或卵圆形,直径 0.6～1.0 μm,排列呈链状,链的长短不一,短者有 4～8 个细菌组成,长者有 20～30 个细菌组成。无芽孢,无鞭毛,偶尔有荚膜存在(主要见于幼龄菌),见图 2-2。

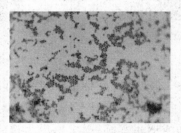

图 2-1　金黄色葡萄球菌

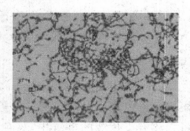

图 2-2　链球菌

2. 杆菌

（1）大肠杆菌（*E. coli*） 革兰染色阴性,两端钝圆的短杆菌,大小 0.5 μm×（1～3）μm,周身鞭毛,运动活泼,一般无荚膜,无芽孢,见图 2-3。

（2）沙门菌（*Salmonella*） 革兰染色阴性,两端钝圆的短杆菌,大小（0.6～0.9）μm×（1～3）μm,无芽孢,一般无荚膜,除鸡白痢沙门菌和鸡伤寒沙门菌外,大多有周身鞭毛,能运动,见图 2-4。

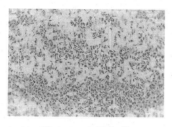

图 2-3 大肠杆菌

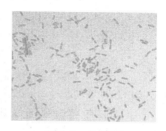

图 2-4 沙门菌

（3）副猪嗜血杆菌（*H. parasuis*） 革兰染色阴性,球杆状菌,大小（0.3～0.4）μm×（0.8～1.2）μm,具多形性,可排列成双球形,短链或呈长丝形,无芽孢,无鞭毛,新分离的有毒力的菌株具有荚膜,见图 2-5。

（4）猪丹毒杆菌（*E. rhuriopathiae*） 革兰染色阳性,小杆菌,在动物组织中呈断发状小短杆菌体,大小为（0.2～0.4）μm×（0.8～2.5）μm,无芽孢,无荚膜,无鞭毛,常单独或排列成短链,在慢性病例的动物体内或陈旧培养基中呈现细长弯曲的长丝状,见图 2-6。

图 2-5 副猪嗜血杆菌

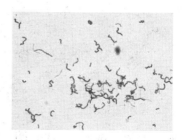

图 2-6 猪丹毒杆菌

（5）多杀性巴氏杆菌（*P. multocida*） 革兰染色阴性,细小的球杆状或短杆状菌,两端钝圆,近似椭圆形,大小（0.25～0.6）μm×（0.6～2.5）μm,在动物组织中多呈两极染色性,在培养物内多呈细球杆状,单在,有时成双排列。无芽孢,无鞭毛,新分离的细菌具有荚膜,但经人工培养后即行消失,见图 2-7、图 2-8。

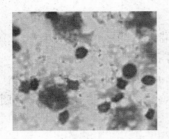

图 2-7　多杀性巴氏杆菌
（组织中）

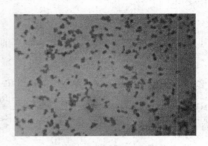

图 2-8　多杀性巴氏杆菌
（培养物中）

3. 结核分枝杆菌

结核分枝杆菌（*M. tuberculosis*）为细长丝状，平直稍弯曲，大小（1～4）μm×（0.2～0.6）μm，形态和轮廓不规则，着色不均匀，无荚膜，无鞭毛，不形成芽孢，抗酸染色呈红色，见图 2-9。

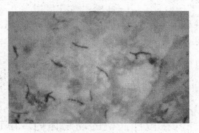

图 2-9　结核分枝杆菌

（李郁）

实训二　细菌分离培养与鉴定技术

一、实训目标

熟练掌握细菌的分离培养法、动物试验法及其生化性状的检查。

二、实训器材

（一）培养基与试剂

普通琼脂平板，鲜血琼脂平板，半固体培养基，普通琼脂斜面，普通肉汤，糖或醇类微量发酵管,蛋白胨水,葡萄糖蛋白胨水,枸橼酸盐微量发酵管,硫化氢微量发酵管,尿素微量发酵管,明胶培养基,过氧化氢,碘酒,乙醇、生理盐水,焦性没食子酸,氢氧化钠,氢氧化钾,凡士林,石蜡,碳酸氢钠,盐酸等。

(二)设备与器材

高压灭菌器,超净工作台,恒温培养箱,电热干燥箱,水浴锅,酒精灯,接种环或针,厌氧罐,二氧化碳培养箱,注射器,平皿,试管,载玻片,放大镜,光学显微镜等。

(三)实验动物

小鼠、豚鼠、家兔等。

三、技术路线

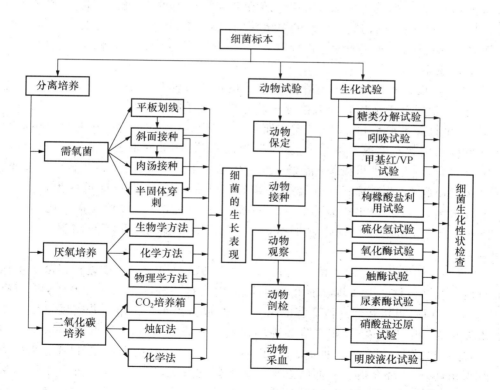

四、实训内容

（一）细菌的分离培养

1. 需氧菌的分离培养法

（1）平板划线分离培养　此法为常用的细菌分离培养法。选用平整、圆滑的接种环，按无菌操作法挑取少量细菌标本；将平板倒置于酒精灯旁，左手拿出皿底并尽量使平板垂直于桌面，有培养基一面向着酒精灯，右手拿接种环先在第Ⅰ区划3~4条连续的平行线（线条多少应依挑菌量的多少而定）；划完Ⅰ区后应立即烧掉环上的残菌，以免因菌过多而影响后面各区的分离效果；将烧去残菌后的接种环在平板培养基边缘冷却一下，并使第Ⅱ区转到上方，接种环通过Ⅰ区（菌源区）将菌带到Ⅱ区，随即划数条致密的平行线；再从Ⅱ区作第Ⅲ区的划线；最后经Ⅲ区作第Ⅳ区的划线，Ⅳ区的线条应与Ⅰ区平行，但划Ⅳ区时切勿重新接触Ⅰ、Ⅱ区，以免将该两区中浓密的菌液带到Ⅳ区，影响单菌落的形成；随即将皿底放入皿盖中；烧去接种环上的残菌；于皿底上做好被检材料名称、日期等标记，平板倒置于37℃培养，24 h后观察。

（2）斜面分离培养　此法适合于从平板划线分离培养获得的单个菌落的纯培养，不太适合于从病料中直接分离培养用。右手持接种环，酒精灯火焰烧灼灭菌；左手打开平皿盖，用接种环挑取所需菌落（以接种环的一侧，从菌落上挑取菌苔少许），然后左手盖上平皿盖，立即取斜面管，将试管底部放在大拇指和食指、中指之间，以右手小指拔去试管塞，然后将接种环伸入试管，勿碰及斜面和管壁，直达斜面底部，从底部斜面开始在培养基上划曲线，向上至斜面顶端为止；管口通过火焰灭菌，再将小指夹持的试管塞塞好；接种完毕，将接种环在火焰上烧灼灭菌后放下；在斜面管壁上注明被检材料名称、日期等，置37℃培养，24 h后观察。

（3）液体增菌分离培养法　此法主要用于细菌的增菌培养或进行细菌的生化反应。若被检材料中含菌量较少，则可将病料直接接种在肉汤培养基中，经37℃培养24 h后，再接种到其他适宜的培养基内，以分离单个菌落。若需观察细菌在液体培养基中生长表现，则先将接种环在火焰上烧灼灭菌，待冷却后挑取少许细菌；左手拿试管，右手持接种环，用右手其余手指将试管塞打开，试管口通过火焰烧灼灭菌；将接种环在贴近液面的管壁上上下碾磨数次，使细菌均匀分布于培养基中；将试管口灭菌后加塞，接种环烧灼灭菌后放回原处；在试管上做好标记，经37℃培养24 h后观察结果。

(4)半固体穿刺培养法　此法主要用于细菌动力的观察或菌种保存。先将接种针在火焰上烧灼灭菌,待冷却后挑取少许菌落;左手拿试管,右手持接种针,将试管塞打开后,试管口通过火焰灭菌,将接种针从培养基的中心向下垂直穿刺接种至试管底上方约 5 mm 处(勿穿至管底),然后由原穿刺线退出;将试管口灭菌后加塞,接种针烧灼灭菌后放回原处;在试管上做好标记,经 37℃培养 18~24 h 后观察结果。

2. 厌氧菌的分离培养

(1)生物学方法

①庖肉培养基法:将庖肉培养基上面的石蜡熔化,用毛细管吸取标本后接种于培养基中,待石蜡凝固后置 37℃温箱孵育。培养基中的肉渣可吸收氧气,石蜡凝固后起隔绝空气的作用,从而使培养基内呈无氧状态。

【庖肉培养基配制】称取新鲜除脂肪和筋膜的碎牛肉 500 g,加蒸馏水 1 000 mL和 1 mol/L 氢氧化钠溶液 25 mL,搅拌煮沸 15 min,充分冷却,除去表层脂肪,澄清,过滤,为牛肉浸液,加水补足至 1 000 mL,并加入其他各种成分(蛋白胨 30 g,酵母 5 g,磷酸二氢钠 5 g,葡萄糖 3 g,可溶性淀粉 2 g),校正 pH 7.8。碎肉渣经水洗后晾至半干,分装 15 mm×150 mm 试管 2~3 cm 高,每管加入还原铁粉 0.1~0.2 g 或铁屑少许。将上述液体培养基分装至每管内超过肉渣表面约 1 cm。上面覆盖溶化的凡士林或液体石蜡 0.3~0.4 cm。121℃高压灭菌 15 min。

②需氧菌共生法:将已知专性需氧菌(如枯草芽孢杆菌)和待检厌氧菌分别接种到 2 个大小相同的平板上,将两者合拢,缝隙用透明胶密封,置 37℃温箱培养。需氧菌生长过程中消耗氧气,待氧气耗尽后,厌氧菌即开始生长。

(2)化学方法(焦性没食子酸法)

①试管培养:取约 100 mL 容量的大试管 1 支,在试管底加焦性没食子酸 1 g,再加入 10%氢氧化钠 1 mL,迅速将已接种细菌的肉汤或斜面较小试管放入大试管内,用橡皮塞塞紧大试管,置 37℃温箱培养 24~48 h 后观察。

②平板培养:取焦性没食子酸 1 g,夹于两层灭菌棉花或纱布中,置于一洁净玻璃板上或放在反转的培养皿盖子上;加入 10%氢氧化钠 1 mL 于焦性没食子酸纱布上,立即将已接种好的培养皿底层覆盖于玻璃板上,培养皿周围用溶解好的石蜡凡士林混合物涂封,使内外空气隔绝,置 37℃温箱培养 24~48 h 后观察。

(3)物理学方法

①厌氧罐培养法:用理化方法使容器内形成无氧环境,用于专性厌氧菌培养。常用的方法有抽气换气法和气体发生袋法。相关器材见图 2-10。

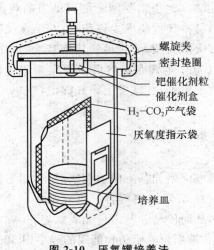

图 2-10　厌氧罐培养法

　　抽气换气法是将已接种的培养基放入真空干燥缸或厌氧罐中,再放入催化剂钯粒和指示剂美蓝。先用真空泵将缸内抽成负压 99.99 kPa(750 mmHg),再充入无氧氮气,反复 3 次,最后充入 80% N_2、10% H_2 和 10% CO_2 混合气体,若缸内呈无氧状态,则指示剂美蓝为无色。每次观察标本后需重新抽气换气,用过的钯粒经160℃ 2 h 干烤后可重复使用。

　　气体发生袋法需要两种容器,一是厌氧罐(由透明聚碳酸酯或不锈钢制成,盖内有金属网状容器,其内装有厌氧指示剂美蓝和用铝箔包裹的催化剂钯粒);二是气体发生袋(一种铝箔袋,其内装有硼氢化钠—氯化钴合剂、碳酸氢钠—柠檬酸合剂各 1 丸和 1 张滤纸条)。使用时剪去气体发生袋特定部位,注入 10 mL 水,水沿滤纸渗入到两种试剂中,发生化学反应,产生 H_2 和 CO_2。立即将气体发生袋放入厌氧罐内,密封罐盖,使气体释放到罐中。

　　②厌氧手套箱培养法:厌氧手套箱是目前国际上公认的培养厌氧菌最佳仪器之一。它是一个密闭的大型金属箱,箱的前面有一个透明面板,板上装有两个手套,可通过手套在箱内进行操作。箱侧有一交换室,具有内外二门,内门通箱内先关着。使用时将物品放入箱内,先打开外门,放入交换室,关上外门进行抽气、换气(H_2,CO_2,N_2)使之达到厌氧状态,然后手伸入手套把交换室内门打开,将物品移入箱内,关上内门。箱内保持厌氧状态,是利用充气中的氢在钯的催化下和箱中残余氧化合成水的原理。该箱可调节温度,本身是孵箱或将孵箱附在其内。该法适于作厌氧菌的大量培养研究。

3. 微需氧菌的分离培养

(1)二氧化碳（CO₂）培养箱　能自动调节箱内 CO_2 的浓度和温度,使用方便。

(2)烛缸法　取一有盖磨口标本缸或玻璃干燥器,在盖及磨口处上涂上凡士林。将接种后的培养基放入缸中,并在缸内放一支点燃的蜡烛,加盖密封。随着缸内蜡烛燃烧产生的 CO_2 增加,蜡烛逐渐自行熄灭,此时缸内的 CO_2 浓度为5%～10%,置37℃温箱培养18～24 h后观察结果。烛缸法示意见图2-11。

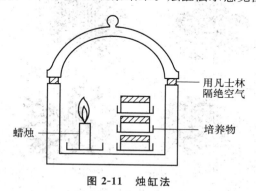

图2-11　烛缸法

(3)化学法（碳酸氢钠—盐酸法）　按每升容积碳酸氢钠0.4 g与1 mol/L盐酸0.35 mL的比例,分别将两种试剂置于容器内,将容器放置在标本缸中,密封后倾斜容器,使两种试剂接触混合产生 CO_2。

4. 细菌在培养基中的生长表现

(1)固体培养基上菌落性状的观察　细菌在固体培养基上培养时,在一个固定的地方生长繁殖,经过一定时间的孵育,在培养基表面出现单个的细菌集团,称之为菌落。每一种细菌有它一定的菌落形态。观察菌落形态特征时,通常先用肉眼观察,再用放大镜检查,必要时可用低倍显微镜进行检查。观察的内容和方法主要有以下几个方面,见图2-12。

①大小:菌落的大小,规定以 mm 表示。一般不足1 mm者为露滴状菌落,1～2 mm者为小菌落,2～4 mm者为中等大菌落,4～6 mm或更大者为大菌落或巨大菌落。

②形状:有圆形、不整形、树根形、葡萄叶形等。

③边缘:有整齐、锯齿状、网状、树叶状、虫蚀状、放射状、卷发状等。

④表面:有光滑、湿滑、粗糙、颗粒状、皱丝状、同心状、放射状等。

⑤隆起度:有隆起、轻度隆起、中央隆起、扁平、凹陷或堤状等。

⑥颜色：有无色、白色、灰白色、金黄色、柠檬色、绿色、红色等。

⑦透明度：有透明、半透明、不透明等。

⑧光泽度：有光泽、无光泽等。

⑨硬度：有黏液状、脂状、干燥、湿润等。

⑩溶血：在鲜血琼脂平板上的菌落有完全溶血、不完全溶血、不溶血等。

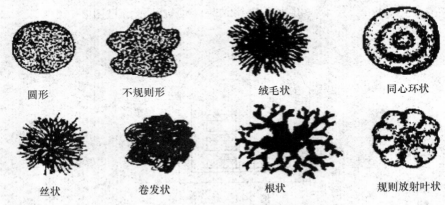

| 圆形 | 不规则形 | 绒毛状 | 同心环状 |

| 丝状 | 卷发状 | 根状 | 规则放射叶状 |

图 2-12　细菌菌落的形状

（2）琼脂斜面接种后的发育状况观察　将各种细菌分别以接种针接种于琼脂斜面上，培养后，其生长表现有线状、棘状、珠状、扩散状、根状等，见图 2-13。

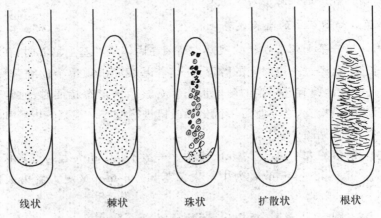

| 线状 | 棘状 | 珠状 | 扩散状 | 根状 |

图 2-13　细菌在琼脂斜面上的生长表现

（3）液体培养基内培养性状的观察（图 2-14）

①混浊度：有强度混浊、轻度混浊、透明等。混浊者还可区分是均匀混浊还是

混有颗粒、絮片或丝状生长物等。

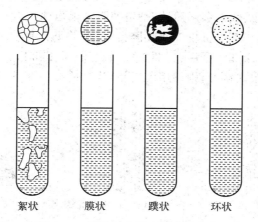

图 2-14　细菌在肉汤中的生长表现

②沉淀:检查试管底部有无沉淀,沉淀物有颗粒状、黏稠状、絮片状、小块状等。

③表面:培养基表面是否形成菌膜,有无附着管壁的菌环。

④对于庖肉培养基还应观察碎肉的颜色和碎肉块被消化的情况。

(4)半固体培养基中培养性状的观察(图 2-15)

①无鞭毛的细菌:仅沿穿刺线生长,穿刺线清晰,周围培养基透明。

②有鞭毛的细菌:沿穿刺线向四周扩散生长,穿刺线边缘呈羽毛状,周围培养基变混浊。

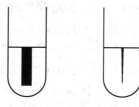

图 2-15　细菌在半固体中的生长表现

(二)动物试验

1. 试验材料

尿液、脑脊髓液、血液、分泌液、脏器组织、培养物等。

2. 试验动物

小白鼠,豚鼠,家兔等。

3. 试验动物保定

(1)小白鼠保定法　先用右手捉住尾巴,向上提起使后肢离开工作台面,然后用左手的拇指抓住头顶皮肤,并迅速翻转左手使腹面朝上,将尾巴夹在手掌与小指之间即可,见图 2-16。

（2）豚鼠保定法　用左手拇指压住豚鼠右前肢基部,用食指和中指夹住左前肢,然后用右手紧握其腹部和两后肢,翻转使腹部朝上即可,见图2-17。

（3）家兔保定法　若进行皮下或腹腔接种,则将两前肢合并于头后,以左手握住,用右手握住其后腹部和两后肢,两手稍微绷紧,使其仰卧于试验台上即可。若进行耳静脉、脑内、眼内接种,则可用固定器固定,使头部外露,见图2-18。

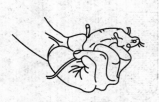
图 2-16　小鼠保定法

图 2-17　豚鼠保定法

图 2-18　家兔保定法

4. 动物接种方法

（1）划痕法　多用于家兔。用剪毛剪剪去肋腹部长毛,再用剃刀或脱毛剂脱去被毛;以75%酒精消毒待干,用无菌小刀在皮肤上划几条平行线,划痕口可略见出血;然后用刀将接种材料涂在划口上。

（2）皮下接种法　小白鼠接种于背部或腹部（图2-19）,大白鼠和豚鼠接种于腹部,家兔接种于腹部或颈背部。在接种部位消毒后,左手提起皮肤,右手持注射器将针头斜向刺入皮下,如针头摆动无阻力,说明已进入皮下,慢慢注入接种材料。接种量,小鼠为0.2~0.5 mL,豚鼠、家兔均为2.0 mL。接种完毕,用棉球压住针刺处,拔出针头。

（3）皮内接种法　将动物固定,接种部位剪毛消毒,之后左手绷紧皮肤,右手持注射器将针头平行刺入皮肤,缓慢注射,注射部位见有小水疱状隆起即为注射正确。注射量一般为0.1 mL。

（4）腹腔内接种法　仰卧固定动物,腹部朝上,头部向下,使动物前低后高。接种部位消毒后,将注射器针头先由前向后刺入,然后再改换方向,即垂直向深部刺入,但勿刺入内脏,此时有落空感,回抽无肠液。接种量,小白鼠1.0~2.0 mL（图2-20）,豚鼠、家兔均可达5 mL。

（5）肌肉接种法　选择肌肉发达、无大血管通过的部位,一般为臀部、大腿内侧或外侧。接种部位消毒后,将注射器针头直接刺入深部肌肉内,注入被检材料即可。接种量同皮下接种。

（6）脑内接种法　接种部位通常是眼内角与同侧耳根的联合线的中央。接种小白鼠时,先用乙醚使其轻度麻醉,接种部位消毒后,用1 mL注射器将被检材料注入脑实质内,接种量为 0.01～0.03 mL。接种豚鼠、家兔时,由于其头骨较厚,注射针头不能直接刺入,故应在接种前用消毒的铁锥或穿颅锥在头骨上穿一小孔,再用注射器将被检材料注入脑实质内,接种量为豚鼠 0.05～0.1 mL,家兔 0.2～0.5 mL。

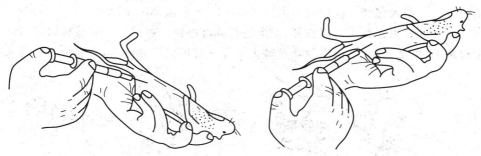

图 2-19　小鼠腹部皮下接种　　　　图 2-20　小鼠腹腔接种

　　(7)**静脉接种法**　小白鼠接种在尾静脉内(图 2-21),先将小鼠尾巴置 45～50℃温水中浸泡 1～2 min,使尾部静脉扩张,然后固定于倒置烧杯内,尾巴外露,擦干消毒,在末端 1/3 或 1/4 处用左手捏住尾巴,右手持注射器,针头与静脉平行,缓慢进针,试注入少许注射液,如无阻力,皮肤不发白,表示针头刺入静脉,否则应更换部位重扎。接种量不超过 0.5 mL。豚鼠接种于后腿内侧股静脉,因需要先将皮肤切开,露出股静脉,然后注射,接种完毕时还需将切口缝合,操作较麻烦,故不多用。家兔接种于耳翼静脉(图 2-22),先将家兔固定,用酒精棉球轻轻按摩耳翼,压迫耳根部静脉,使耳缘静脉扩张,然后用左手拇指与中、食指抓住耳尖部,从耳尖部边缘静脉平行进针,试推进少量注射液,如果觉得没有阻力,局部也没有隆起,表示已进入静脉,缓缓注入被检材料,注射完毕以酒精棉球压住针眼处片刻。接种量为 0.5 mL。

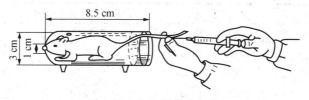

图 2-21　小鼠尾静脉接种

　　(8)**鼻内接种法**　将小鼠放入一个有盖的玻璃缸内,缸内放一块浸有乙醚的脱脂棉,通过缸壁看到动物麻醉后,即可将其由缸内取出,进行滴鼻接种,接种量为 0.03～0.05 mL。豚鼠、家兔的乙醚麻醉,可用麻醉口罩,也可用戊巴比妥作腹腔注射或静脉注射进行麻醉,剂量为每 500 g 体重 20～25 mg。

　　(9)胃内接种法　多用于大、小白鼠。将小鼠固定后，使颈部拉直，右手持装有灌胃针头的注射器，自口角插入口腔，压其头部，使口腔与食道成一直线，沿上腭壁向鼠口腔的后下方轻轻插入食道(图2-23)。如遇阻力，可将针头抽出再插，以免刺破食管或误入气管。接种量为大白鼠3 mL，小白鼠0.7 mL。

　　(10)气管内接种法　对豚鼠、家兔进行肺部感染时可采用气管接种，接种部位先行脱毛，局部消毒后，用注射器在喉头下部气管环处直接刺入，将被检材料注入。

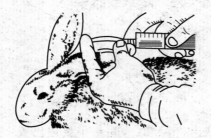 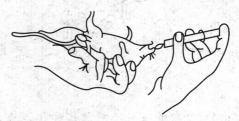

图2-22　家兔耳静脉接种　　　　　　图2-23　小鼠灌胃法

　　5. 接种动物的观察

　　(1)外表检查　包括精神食欲、被毛状态、运动情况。接种部位皮肤有无发红、发热、肿胀以及水肿、脓肿、坏死等。眼结膜有无肿胀、发炎和分泌物等。体表淋巴结有无肿胀、发硬、软化等。

　　(2)体温检查　接种后有无体温升高反应和体温稽留、回升、下降等表现。动物正常体温参见表2-2。

表2-2　正常实验动物的体温、呼吸和脉搏

实验动物	体温(肛表)/℃	呼吸频率/(次/min)	脉搏/(次/min)
大白鼠	38.5～39.5	66～114	370～580
小白鼠	37.0～39.0	84～230	470～780
豚鼠	37.8～39.5	69～104	200～360
家兔	38.5～39.5	38～60	255～260
鸡	41.0～42.5	15～30	120～200
鸭	41.0～42.5	16～28	140～200
鹅	40.0～44.0	12～20	120～160
猪	38.5～40.0	10～20	60～80

　　(3)呼吸检查　接种后呼吸次数、呼吸式、呼吸状态(节律、强度等)有无变化，

以及鼻分泌物的数量、色泽和黏稠性等。动物正常呼吸频率见表2-2。

（4）循环器官检查　检查心脏搏动情况，有无心动衰弱、紊乱和加速，以及脉搏的频度节律等。正常动物脉搏见表2-2。

（5）排泄物检查　检查粪便、尿液排泄的次数、数量、色泽以及粪便的稀薄或硬结等性状。

6. 动物尸体剖检

参见第一部分项目Ⅰ实训八、实训九。

7. 动物采血

（1）小鼠采血法　可采用以下方法。

①割（剪）尾采血：固定鼠并露出鼠尾。将尾部毛剪去后消毒，然后浸在45℃左右的温水中数分钟，使尾部血管充盈。再将尾擦干，用刀或剪刀割去尾尖0.3～0.5 cm，让血液自由滴入盛器或用血红蛋白吸管吸取，采血结束，伤口消毒并压迫止血。每只鼠一般可采血10次以上。常规安全采血量小鼠为0.1 mL、大鼠0.3～0.5 mL，最小致死采血量为小鼠0.3 mL、大鼠2 mL。

②眶后静脉丛采血：操作者一手固定小鼠或大鼠，拇指和食指尽量将鼠头部皮肤捏紧，或轻轻压迫颈部两侧，使鼠眼球突出，眶后静脉丛充血，另一只手持接7号针头的1 mL注射器或毛细采血管（内径0.5～1.0 mm），以45°的夹角由眼内角刺入，针头斜面先向眼球，刺入后再转180°使斜面对着眼眶后界。刺入深度，小鼠2～3 mm，大鼠4～5 mm。当感到有阻力时即停止推进，同时，将针退出0.1～0.5 mm，边退边抽。若穿刺适当血液能自然流入毛细管中，当得到所需的血量后，即除去加于颈部的压力，同时，将采血器拔出，以防止术后穿刺孔出血。若技术熟练，此法在短期内可重复采血，左右两眼轮换更好，小鼠一次可采血0.2～0.3 mL，大鼠约0.5 mL。如只进行一次取血，可采用摘眼球法，右手取一眼科弯镊，在鼠右侧或左侧眼球根部将眼球摘去，并将鼠倒置，头向下，抽取血液。

③断头取血：采血者的左手拇指和食指从背部较紧地握住大（小）鼠的颈部皮肤，并作动物头朝下倾的姿势。右手用剪刀剪断鼠颈部1/2～4/5，让血自由滴入盛器。小鼠可采血0.8～1.2 mL，大鼠5～10 mL。

（2）豚鼠采血法　可采用以下方法。

①心脏采血：按前述方法保定，用酒精棉球消毒胸壁，采血者用左手拇指和食指触摸心脏搏动最强点，将针头刺入。若刺入准确，此时针尖部可感有搏动，并且血液自行流入注射器内。常规安全采血量为5 mL，致死采血量一般为20～30 mL。

②耳缘剪口采血：将耳消毒后，用刀片沿血管方向割破耳缘，切口约长

0.5 cm,在切口边缘涂抹 20‰柠檬酸钠溶液,防止血凝,则血可自切口流出。采血量为 0.5 mL/次左右。

(3)家兔采血法　可采用以下方法。

①心脏采血:操作同上。常规安全采血量为 20 mL,致死采血量为 60~80 mL。

②耳静脉取血:先将耳部剪毛消毒,再用酒精棉球涂擦或用温水温敷(冬季),使血管扩张。助手压住耳静脉近心端,用粗针头刺破耳缘静脉或以刀片在血管上切一小口,让血液自然流出即可。一次最多可采血 5~10 mL。

(4)猪、禽采血　参见第三部分项目Ⅰ实训一。

(三)生化试验

1. 糖类发酵(sugar fermentation)试验

将分离获得的纯培养物,接种于各种糖微量发酵管培养基中,经 37℃培养,时间根据不同细菌而定,观察细菌对不同糖类的发酵情况。能分解糖类产酸的细菌,培养基中的指示剂呈酸性反应(如酚红变为黄色),产气的细菌可在微量管中产生气泡。不分解糖类的细菌,培养基则无变化。

2. 糖类代谢型(sugar metabolism model)试验

从斜面上挑取少许纯培养物,穿刺接种 2 支含 1‰葡萄糖发酵管培养基,其中一管表层覆盖 1 mL 无菌液体石蜡,置 37℃培养 48 h 以上。两管培养基均不产酸(颜色不变)为阴性,两管都产酸(变黄)为发酵型,加液体石蜡管不产酸,不加液体石蜡管产酸为氧化型。

3. 吲哚(indole)试验

吲哚试验又称靛基质试验。将待测细菌的纯培养物接种于蛋白胨水培养基中,经 37℃培养 24~48 h 后,于培养液中加入 Kovac 试剂或 Ehrlich 试剂数滴,摇匀后,静置 30 s 观察结果。红色为阳性,无色为阴性。

【Kovac 试剂配制】对位二氨基苯甲醛 5 g,加入 75 mL 戊醇或异戊醇中,在 50℃水浴中徐徐加热溶解,待冷却后,加入 25 mL 浓盐酸,保存于棕色瓶内。

【Ehrlich 试剂配制】对位二氨基苯甲醛 1 g,无水乙醇 95 mL,浓盐酸 20 mL。先用乙醇溶解试剂,后加盐酸,避光保存。

4. 甲基红(MR)/伏-普氏(V-P)试验

将被检菌培养物接种于葡萄糖蛋白胨水中,置 37℃培养 48~72 h,取出部分培养液,分别进行 MR 试验和 V-P 试验。一是加 MR 试剂 3~5 滴,充分混匀,MR试验阳性反应显红色,阴性者为黄色。二是先加 V-P 试剂甲液 0.6 mL,再加 V-P 试剂乙液 0.2 mL,充分混匀,V-P 试验阳性反应呈红色,阴性不变色或逐渐呈淡褐色。

【MR 试剂配制】甲基红 0.02 g,95% 乙醇 60 mL,蒸馏水 40 mL。

【V-P 试剂配制】甲液(α-萘酚 5 g,无水乙醇 100 mL),乙液(氢氧化钾 40 g,蒸馏水 100 mL)。甲液和乙液分别装入棕色瓶中,于 4～10℃保存。

5. 枸橼酸盐利用(citrate utilization)试验

取纯培养细菌接种于枸橼酸盐培养基内,置 37℃培养 48～72 h。如培养基由草绿色变为深蓝色为阳性反应,否则为阴性。

IMViC 试验是吲哚(I)试验、甲基红(MR)试验、伏-普氏(V-P)试验、枸橼酸盐利用(C)试验的合称缩写,常用于鉴定肠道杆菌。尤其对形态、革兰染色反应和培养特性相同或相似的细菌更为重要。常见细菌的相关试验特性见表 2-3。

表 2-3　常见肠杆菌科中与兽医学有关的主要属的 IMViC 试验结果

试验名称	埃希菌属	志贺菌属	沙门菌属	克雷伯菌属	肠杆菌属	变形杆菌属	耶尔森菌属
I	+	V	—	—	—	V	V
MR	+	+	+	V	—	+	+
V-P	—	—	—	V	+	V	—
C	—	—	+	V	+	V	—

备注:+.90%～100%阳性;—.0～10%阳性;V.种间有不同反应。

6. 硫化氢(hydrogen sulfide)试验

将待检菌纯培养物穿刺接种于醋酸铅培养基或 H_2S 微量发酵管中,于 37℃培养 24～48 h,培养基呈黑色的为阳性反应,无色者为阴性。

7. 氧化酶(oxidase)试验

取白色洁净滤纸一角,蘸取待检菌菌落少许,加试剂(1%盐酸二甲基对苯二胺溶液)一滴。或以毛细吸管吸取试剂,直接滴加于菌落上。阳性者立刻呈粉红色,以后颜色逐渐加深,阴性者于 2 min 内不变色。

8. 触酶(catalase)试验

触酶又称过氧化氢酶。用接种环挑取待检细菌于洁净载玻片上,加一滴 3%过氧化氢。或挑取被检细菌纯培养物一接种环,置洁净试管中,滴加 3%过氧化氢 2 mL。若立即出现大量气泡为阳性,无气泡为阴性。

9. 尿素酶(urease)试验

挑取待检菌纯培养物接种于尿素微量发酵管中,于 37℃培养 10、60 和

120 min,分别观察结果。或涂布并穿刺接种于尿素琼脂斜面培养基,不要到达底部,留底部作变色对照,培养 2、4 和 24 h 分别观察结果,如阴性应继续培养至 4 d,作最终判定,变为粉红色为阳性。

10. 硝酸盐还原(nitrate reduction)试验

将待检菌接种于硝酸盐培养基中,37℃培养 1～4 d,取出,加试剂甲液、乙液等量混合液(用时混合)0.1 mL,立即或 10 min 内观察结果。出现红色为阳性反应,阴性者不变色。如欲观察有无氮气产生,可于培养基管内加 1 只小导管,有气泡产生,则表示有氮气生成。如欲检查培养基中硝酸盐是否被分解,可取锌粉少许加入培养基内,如出现红色表明硝酸盐仍存在,若不出现红色,表示硝酸盐已被分解。

【甲液配制】对氨基苯磺酸 0.8 g,5 mol/L 乙酸 100 mL。先用乙酸 30 mL 溶解对氨基苯磺酸,再加乙酸至 100 mL,放棕色瓶中于 4～10℃保存。

【乙液配制】α-萘胺 0.5 g,5 mol/L 乙酸 100 mL,稍加热溶解,用脱脂棉过滤,放棕色瓶中于 4～10℃保存。

11. 明胶液化(gelatin liquidized)试验

将被检菌穿刺接种于明胶培养基,于 20℃培养 7 d,每天观察结果,如细菌液化缓慢可延长观察期,对要求在 37℃下才能生长的细菌,则可将培养基放于 37℃中培养,观察结果时应先将培养基放在冰箱或冷水中 30 min 后再观察,若再不凝固即已液化,并需识别液化的形状,如层状、管状、囊状、皿状、漏斗状。

(李郁)

实训三 病毒的分离与鉴定技术

一、实训目标

熟练掌握病料的采集与处理、病毒的分离与鉴定方法。

二、实训器材

(一)培养基与试剂

普通肉汤,鲜血琼脂培养基,氯化钠,氯化钾,硫酸镁,氯化镁,氯化钙,磷酸氢二钠,磷酸二氢钾,葡萄糖,氯仿,氢氧化钠,乳蛋白,碳酸氢钠,酚红,青霉素,链霉素,石蜡,碘酒,乙醇,胰蛋白酶,犊牛血清,Hank's 液或其他营养液,DMEM 培养液,双蒸水等。

(二)设备与器材

离心机,恒温培养箱,冰箱,孵化箱,照蛋器,二氧化碳培养箱,倒置显微镜,超净工作台,PCR仪,凝胶成像系统,荧光显微镜,酶标仪,电子显微镜,振荡器,注射器,平皿,试管,吸管,橡胶乳头,剪刀,镊子,锥子,研磨器,细胞计数器,微量移液器,棉拭子,滤器,高压灭菌器,电热干燥箱,−80℃超低温冰箱,液氮罐等。

(三)其他

实验动物(小鼠、豚鼠、家兔),鸡胚,组织细胞,纱布,棉球等。

三、技术路线

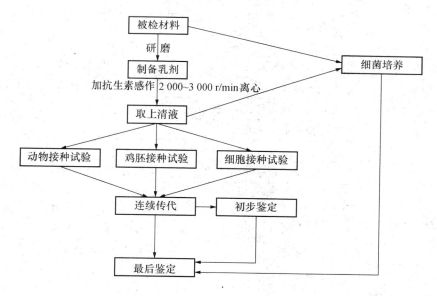

四、实训内容

(一)检验材料的采集与处理

1. 检验材料的采集

(1)应采自病畜禽,而且应在病的早期即行采样。

(2)不同的病毒性疾病采取的检样不同。常见畜禽病毒性疾病应当采取的样品名称见表 2-4。

表 2-4　分离病毒时应当采取的样品种类

病毒性疾病的名称	临床样品	尸检样品
猪瘟	血液	肝、脾、肾、淋巴结、扁桃体
猪繁殖与呼吸综合征	血液、鼻液、粪便	肺、死胎的肠和腹水
口蹄疫	上皮水疱及其液体、血液、唾液、粪便	肝、脾、肾、肺、淋巴结
流感	鼻液、咽喉拭子、泄殖腔拭子	肝、脾、肺、肾、气管、输卵管
猪传染性胃肠炎	粪便	小肠及其内容物、淋巴结
猪流行性腹泻	粪便	小肠及其内容物、淋巴结
猪轮状病毒病	粪便	小肠及其内容物、淋巴结
猪乙型脑炎	血液、睾丸	死胎的脑
伪狂犬病	血液、乳汁	肾、肺、脑、肝、脾
猪细小病毒感染	子宫分泌物	死胎的肝、脾、肾、肺
猪圆环病毒病	血液、鼻液、粪便	肺、肾、脾、肝、淋巴结
猪水疱病	上皮水疱及其液体、血液、粪便	肝、脾、肾、淋巴结
猪水疱性口炎	上皮水疱及其液体、唾液	
猪水疱疹	上皮水疱及其液体	
猪脑心肌炎		死胎儿、仔猪的心脏
痘病	未破溃的痘疹、咽喉拭子	喉头、气管、肝、脾、肾
鸡新城疫	咽喉拭子、泄殖腔拭子	肺、脾、脑
鸡传染性支气管炎	咽喉拭子	气管、肺、肾、泄殖腔、输卵管、盲肠、扁桃体、腺胃
鸡传染性喉支气管炎	咽喉拭子	喉头、气管、肺
鸡马立克病	皮肤上毛囊	肝、脾、神经组织
鸡传染性法氏囊病		法氏囊
鸡白血病	泄殖腔拭子	肿瘤组织
禽网状内皮组织增殖病	血液	肝、脾、心、法氏囊、腺胃、胰
鸡传染性贫血	血液	所有组织
鸡产蛋下降综合征		输卵管、子宫
鸡病毒性关节炎	肿胀关节液	肿胀关节血样或脓性渗出物
禽脑脊髓炎		脑、胰腺或十二指肠、腺胃

（3）采取的检样应新鲜,尽量避免污染。

（4）在进行病毒分离之前,可将检样存放于低温冰箱（－30℃以下）。

2. 检验材料的处理

（1）无菌采取的体液　如血液、脑脊髓液、淋巴液、精液、唾液、尿液、阴道分泌液等,可直接用于接种。

（2）脑、肝、肌肉等器官或组织　称取一小块,充分剪碎,置于研磨器中研磨,随后加入 5 倍量的 Hank's 液（表 2-5）或其他相应营养液（含 200 U/mL 青霉素和 200 μg/mL 链霉素）,做成乳剂后移入灭菌离心管中。如果条件许可,可以将其置入预冷的－20℃以下的酒精中迅速冰冻,然后速置 37℃温水中融化,使细胞内的病毒充分释出。再以 2 000～3 000 r/min 的速度离心 10 min,取其上清液作为接种物。

表 2-5　Hank's 液成分组成与配制

组成	成分及配制方法	数量
原液 A	氯化钠（NaCl）	8 g
	氯化钾（KCl）	2 g
	硫酸镁（$MgSO_4 \cdot 7H_2O$）	2 g
	氯化镁（$MgCl_2 \cdot 6H_2O$）	2 g
	2.8% 氯化钙（$CaCl_2$）	100 mL
	ddH_2O	加至 1 000 mL
	先将固体成分加入 800 mL ddH_2O 中,加温到 50～60℃加速溶解,再加入 $CaCl_2$ 溶解,最后加 ddH_2O 补足到 1 000 mL。加氯仿 2 mL,摇匀后于 4℃贮存	
原液 B	磷酸氢二钠（$Na_2HPO_4 \cdot 2H_2O$）	1.2 g
	磷酸二氢钾（$KH_2PO_4 \cdot 2H_2O$）	1.2 g
	葡萄糖	20 g
	0.4% 酚红溶液（取酚红 0.4 g 置研钵中,逐滴加入 0.1% 氢氧化钠,约需 11.28 mL,研磨直至完全溶解;将溶解的酚红移入 100 mL 量瓶中,最后补加 ddH_2O 至 100 mL）	100 mL
	ddH_2O	加至 1 000 mL
	将上列各成分混合后使其溶解,加氯仿 2 mL,摇匀后于 4℃贮存	

续表2-5

组成	成分及配制方法	数量
	原液 A	1 份
	原液 B	1 份
	ddH$_2$O	18 份
工作液	将上列各成分混合后,分装于瓶中,10 磅(115℃)高压蒸气灭菌 10～15 min,临用前用无菌的 7.0% 碳酸氢钠(NaHCO$_3$)调 pH 至 7.2～7.6。 7.0% NaHCO$_3$ 配制:取 NaHCO$_3$7 g 溶于 100 mL ddH$_2$O 中,置水浴锅中加热溶解,115℃高压蒸气灭菌 10 min,无菌操作分装小瓶,每瓶 1 mL,4℃贮存	

(3)鼻液、乳汁、脓汁等分泌物或渗出物。由于这类分泌物或渗出物内常含有大量细菌,故应加入高浓度的抗生素作预处理,即用内含青霉素、链霉素的 Hank's 液或其他生长液(1 mL 含青霉素 1 000 U 及链霉素 1 000 μg),将样品稀释 3～5倍,充分混匀悬浮后,置 4℃冰箱内感作 2～4 h,再以 2 000～3 000 r/min 的速度离心 10 min,取其上清液作接种用。

(4)咽喉拭子。用灭菌棉拭子仔细擦拭咽喉部,并迅速将其泡入盛有 2～5 mL Hank's 液或其他生长液的试管内,Hank's 液或其他生长液内应含 2% 小牛血清和相应浓度的抗生素(1 mL 含青霉素 200～500 U 及链霉素 200～500 μg)。将棉拭子充分刷洗,并如上法反复冻融 3～5 次后,收集液体部分,以 2 000～3 000 r/min的速度离心 10 min,取其上清液用作接种。

(5)粪便。可用棉(肛)拭子插入肛门蘸取,或直接采取粪便,或捕杀病畜禽后由肠管采取,低温保存。接种前可按鼻液的处理方法,稀释于含有 2% 小牛血清的 Hank's 液(一种平衡盐溶液)或其他生长液内,抗生素含量为青霉素 1 000 U/mL、链霉素 1 000 μg/mL,4℃感作 4 h 后,以 2 000～3 000 r/min 的速度离心 10 min,取其上清液用于接种。

(二)病毒的分离

1. 动物接种试验

根据预分离病毒的种类,选择适当的实验动物、接种途径、剂量及时间。接种技术见第二部分项目Ⅰ实训二。

2．鸡胚接种试验

目前常用鸡胚接种分离的病毒有正黏病毒、副黏病毒、痘病毒和脑炎病毒。

（1）鸡胚的准备　应选择健康无病鸡群或 SPF 鸡群的新鲜受精蛋。为了便于照蛋观察，以白壳蛋为好。孵育前的鸡卵先用温水洗净，并用酒精纱布擦拭后，放入孵卵器内进行孵育（37.5～38℃，相对湿度 45%～60%），每天翻卵 2～3 次。孵至第 4 天，用照蛋器观察鸡胚发育情况，见图 2-24。鸡胚发育正常时，可见清晰的血管及活的鸡胚，血管及其主要分支均明显，呈鲜红色，鸡胚可以活动。未受精卵和死胚胚体固定在一端不动，看不到血管或血管消散，应剔除。以后每天观察 1 次，并随时淘汰将死或已死的鸡胚，生长良好的鸡胚一直孵育到接种前，具体胚龄应根据接种途径和接种材料而定，见表 2-6。

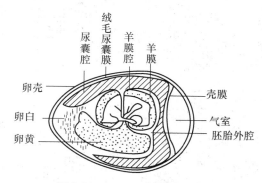

图 2-24　9～11 日龄鸡胚结构

表 2-6　鸡胚孵育日龄及接种途径选择

接种病毒名称	接种部位	鸡胚日龄/d	收获材料
痘病毒、疱疹病毒	绒毛尿囊膜	10～12	绒毛尿囊膜
正黏病毒、副黏病毒	尿囊腔	9～11	尿囊液
正黏病毒、副黏病毒	羊膜腔	11～12	羊水
虫媒披膜病毒	卵黄囊	6～8	卵黄囊

（2）鸡胚的接种（图 2-25）

①绒毛尿囊膜接种法：先在照蛋灯下检查鸡胚发育状况，再用铅笔画出气室以及胚胎略近气室端的绒毛尿囊膜发育好的区域。用碘酒、乙醇消毒气室顶端和绒毛尿囊膜的标记处，在气室顶端钻一小孔，并用磨壳器或齿钻在标记处的蛋壳上磨开一个三角形或正方形（每边 5～6 mm）的小窗，勿弄破下面的壳膜。用小镊子轻

轻揭去所开小窗处的蛋壳,露出壳下的壳膜,在壳膜上滴一滴无菌生理盐水,用针尖小心地划破壳膜,但注意切勿伤及紧贴在下面的绒毛尿囊膜,此时生理盐水自破口处流至绒毛尿囊膜,以利两膜分离。用针尖刺破气室小孔处的壳膜,再用橡皮乳头吸出气室内的空气,使绒毛尿囊膜下陷而形成人工气室。接种时针头与蛋壳呈直角,通过壳膜窗孔进入人工气室3~5 mm,注入0.1~0.2 mL检样,正好在绒毛尿囊膜上。接种完毕后,在蛋壳的窗口周围涂上半凝固的石蜡,做成堤状,立即盖上消毒盖玻片。同时用熔化石蜡封闭气室孔。将鸡胚始终保持人工气室在上方的位置进行37℃培养,48~96 h观察结果。

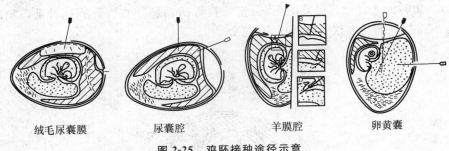

绒毛尿囊膜　　　尿囊腔　　　羊膜腔　　　卵黄囊

图2-25　鸡胚接种途径示意

②尿囊腔接种法:在照蛋灯下用铅笔画出气室与胚胎位置,并在绒毛尿囊膜血管较少的地方做记号。用碘酒、乙醇消毒气室端蛋壳,并用灭菌钢锥在记号处钻一小孔。注射器针头沿小孔避开鸡胚斜向刺入0.5~1.0 cm处,注入0.1~0.2 mL被检材料。用石蜡封闭小孔,置37℃孵卵器中直立孵育,每天翻卵2次,检查1次。

③羊膜腔接种法:借助照蛋灯画出气室范围及胚胎所在部位。按绒毛尿囊膜接种法造成人工气室,然后用镊子撕去蛋壳膜,夹起绒毛尿囊膜,在无大血管处切一约0.5 cm的小口(注意勿伤及羊膜),用无齿弯头镊子夹起羊膜(乳白色,没有绒毛尿囊膜明亮,多血管),用注射器刺入羊膜,注入被检材料0.1~0.2 mL,再按绒毛尿囊膜接种法的封闭方法将蛋壳的小窗及气室的小孔封闭,置37℃孵卵器内孵育48~72 h,保持鸡胚的钝端朝上,每天检查发育情况,但注意不能翻动鸡胚。

④卵黄囊接种法:借助照蛋灯画出气室及胎位,将鸡胚竖置蛋架上,用碘酒、乙醇消毒气室,然后用灭菌锥子在气室中央钻个小孔。将针头于鸡胚对侧刺入约3 cm深,注入被检材料0.2~0.5 mL。用石蜡封闭小孔,放入37℃孵卵器中育,每天翻动2次,检视1次。

(3)鸡胚的观察　接种后24 h内死亡的鸡胚,是由于接种是鸡胚受损或其他原因而死亡,应弃去。24 h 后,每天照蛋检查 2 次,如发现鸡胚死亡,则立即取出放入 4℃冰箱,于一定时间内不能致死的鸡胚也取出放入 4℃冰箱冻死。死亡的鸡胚置 4℃冰箱中 1～2 h(使血液凝固,以免病毒吸附于红细胞上)即可取出收获材料,并检查鸡胚病变。

(4)鸡胚的收获　将鸡胚竖置蛋架上,气室朝上,用碘酒、乙醇消毒气室蛋壳。用无菌镊子除去气室端蛋壳,并防止蛋壳碎屑落在膜上,最后揭开内层壳膜。根据接种途径收获相应材料。

①绒毛尿囊膜:以无菌镊子轻轻夹起绒毛尿囊膜,用无菌剪刀将整个绒毛尿囊膜剪下,放在加有无菌 0.9%氯化钠的平皿内,进行痘斑等病变观察,将病变显著的部分放入灭菌容器中保存。

②尿囊液及羊水:用无菌毛细吸管插入尿囊腔内轻轻吸取尿囊液(避免损及血管),注入无菌容器内,每一鸡胚可得尿囊液 5～8 mL。用另一支无菌毛细吸管插入羊膜腔内(可用无菌小镊子提起羊膜),吸取羊水注入另一无菌容器,每一鸡胚可得羊水 0.5～1 mL。

③卵黄囊:用无菌镊子夹起鸡胚,切断卵黄带,夹出卵黄囊,放入无菌平皿内。

3. 细胞接种试验

(1)原代细胞培养法　即将动物、禽类或人的成体组织或胚胎组织,经过胰酶消化结缔组织和细胞间质,而获得的单个细胞或组织小块,使其生长在玻璃瓶壁上形成细胞薄膜。如鸡胚原代细胞培养方法如下:

在无菌条件下取 9～10 日龄鸡胚,置灭菌平皿中,除去头、翅、爪及内脏,用 Hank's 液充分冲洗后移入灭菌广口瓶中,用灭菌剪刀将其剪成约 1 mm³ 大小的碎块,加入 Hank's 液充分冲洗,静置 20 min,待组织块下沉,吸弃上层液体,再加洗液,如此反复冲洗 2～3 次,吸弃上层液体。于组织块内加入约 4 倍量的 0.25%胰蛋白酶液,振荡混匀后置 37℃水浴中感作 30 min,每 10 min 摇动一次,取出后以大吸管吹打数十次,此时可见大量细胞游离,液体变浊,用双层粗亚麻布或 72 孔不锈钢纱网过滤,收集于离心管内,以 100 r/min 离心沉淀 5～10 min,吸弃上清液,每个鸡胚加入 3～5 mL 营养液,再用吸管充分吹打,直至形成均匀的悬液,做细胞计数。

取上述细胞悬液 6.5 mL,加入 0.1%结晶紫柠檬酸(0.1 mol/L)溶液 2 mL,置室温或 37℃温箱中 5～10 min 取出,充分振动混合后,用毛细管吸取一滴,滴入血细胞计数器内,在显微镜下计数。按白细胞计数法,计算四角大格内完整细胞的总数,成堆细胞则按一个计算。将 4 大格内的细胞总数按下列公式换算成每毫升悬液中的细胞数:细胞数/mL=4 大格细胞总数/4×10 000×稀释倍数。

根据细胞计数结果,再用营养液将细胞悬液进一步稀释为每毫升 50 万细胞浓度,即可装瓶培养。小试管或小瓶装 1 mL;每 25 mL 容量的长方瓶装 3 mL;每 100 mL 容量的长方瓶装 10 mL;置 37℃温箱中培养。一般细胞在 1~2 h 内即可贴壁,几小时后开始生长,24~48 h 长成单层,此时可换维持液,进行病毒接种。

【0.25%胰蛋白酶配制】将胰蛋白酶 0.25 g 溶于 100 mL Hank's 液中,待完全溶解后,用 0.2 μm 滤膜过滤,检验无菌后才能使用。无菌分装小瓶,每瓶 5 mL,低温冻结保存。使用时,以 7.0%碳酸氢钠调节 pH 至 7.6~7.8。

【营养液(生长液)配制】将 0.5%乳蛋白水解物 95 mL、犊牛血清 5 mL、青霉素与链霉素的混合液 1 mL 混合后,以 7.0%碳酸氢钠调节 pH 至 7.2~7.4。

【维持液配制】将 0.5%乳蛋白水解物 97.5 mL、犊牛血清 2.5 mL、青霉素与链霉素的混合液 1 mL 混合后,以 7.0%碳酸氢钠调节 pH 至 7.2~7.4。

(2)传代细胞培养法　即从人及动物组织,特别是肿瘤组织经过多次传代建立细胞系,这种细胞能长期生存并无限传代,而不必每次扑杀实验动物。目前所用的传代细胞包括猪肾传代细胞(PK-15、IBRS-2)、仓鼠传代细胞(BHK-21)、羊胎肾传代细胞(HLK/BLV)、人的子宫瘤细胞(Hela)、非洲绿猴肾细胞(Vero)、人的胸苷激酶阴性细胞(TK-143)等。Hela 细胞培养方法如下:

取生长良好的 Hela 细胞一瓶,轻轻摇动培养瓶数次,使细胞表面的碎片悬浮,连同生长液一起倒至小三角烧瓶(废液瓶)内,用 Hank's 液洗涤一次。从无细胞侧加入 0.25%胰蛋白酶或 0.02%EDTA,或胰蛋白酶-EDTA(1%胰酶 5 mL、1% EDTA 2 mL、pH 7.2 PBS 93 mL)消化液 4~5 mL,翻转培养瓶,使消化液浸没细胞 1 min 左右,再翻转培养瓶使细胞层在上,放置 5~10 min,至肉眼观察细胞面出现布纹状网孔为止。沿细胞面加入适量生长液,洗下细胞,并用吸管吹打数次(将生长液吸入吸管内,将吸管口对准瓶底或瓶壁用力吹出管内液体,吹打贴壁细胞,并使其细胞脱落分散)使其成为细胞悬液,视其细胞数量,按 1 份传 2 份或 3 份分装培养瓶,原瓶可保留使用。置 37℃孵箱静止培养,接种后 30 min 左右可贴壁,48 h 可换生长液,一般 3~4 d 可形成单层。生长良好的细胞可接种病毒,之后再加入维持液。

【DMEM 培养液配制】DMEM 培养基一袋,加 1 000 mL 双蒸水,过滤或高压灭菌,分装于 100 mL 无菌瓶中,每瓶 90 mL。用前以 7.0%碳酸氢钠调节 pH 至 7.2~7.4,并加 100 U/mL 青霉素和 100 U/mL 链霉素,同时根据需要加入犊牛血清(5%~20%)。

(3)接种方法　多数病毒采用异步接毒的方法。选择生长旺盛的敏感细胞,倾去或吸去营养液,用新的 Hank's 液或营养液洗细胞表面 1~2 次,按不同试验目的加入接种物,接种量以能使病毒液盖满细胞层为度。摇匀后置 37℃ 培养箱,使病毒充分吸附于细胞 30~60 min 后,加入新的维持液(含 2%~5% 小牛血清的病毒培养基),置 37℃ 环境培养,逐日观察细胞病变。如果接种物的毒性太大,例如粪便悬浮液,则可使其吸附细胞 30~60 min 后,将其吸出,再用洗液轻轻洗涤一次细胞,随后加入维持液。此时病毒已经充分吸附在细胞上,而接种物对细胞的毒性则因及时换入维持液而得降低。

某些病毒的复制发生在细胞有丝分裂盛期,如细小病毒、腺病毒、马传染性贫血病毒等,则采用同步接毒的方式,即在种植细胞的同时或在种植细胞 4 h 内将病毒接入。

(三)病毒的鉴定

当利用动物接种、鸡胚接种和组织细胞接种等方法已引起动物、鸡胚、组织细胞发生变化或死亡,则说明已分离到了一种病原,而且在细菌培养基上不生长,甚至经抗生素处理和滤过后仍无碍其繁殖与致病力,此时可认为所分离到的病原为病毒。但究竟属于哪一种病毒则需进行鉴定。

1. 初步鉴定

根据滤过性检查(通过各种不同孔径滤器),理化特性研究(包括病毒核酸类型、氯仿敏感性试验、耐酸性试验、胰蛋白酶敏感性试验、耐热性试验等),动物感染范围及潜伏期,对鸡胚的敏感性,细胞致病作用类型,红细胞吸附现象,病毒干扰现象,血凝特性等试验,可得出初步结果。

2. 最后鉴定

(1)电子显微镜观察　判断病毒粒子的大小及形态。

(2)免疫血清学鉴定　通过不同病毒的血清做琼脂扩散试验、酶联免疫吸附试验、中和试验、补体结合试验、血凝抑制试验、免疫荧光试验等,判断该分离病毒与已知病毒之间的同源性。

(3)分子生物学鉴定　包括对病毒核酸和蛋白质的测定。核酸测定主要使用聚合酶链反应技术、探针技术和核酸序列测定,检测病毒基因组中的特征性区段甚至整个病毒基因组;而蛋白质测定可使用免疫测定技术、电泳技术和质谱技术,检测病毒特异的蛋白质成分。

以上鉴定方法,应根据病毒种类和实验室的设备条件,加以选择。

(李郁)

实训四　寄生性蠕虫虫卵与幼虫检查技术

一、实训目标

掌握直接涂片法和饱和盐水漂浮法的操作技术；认识吸虫卵、绦虫卵、线虫卵和棘头虫卵，并掌握其特征，为区别虫卵与非虫卵奠定基础；掌握沉淀法和幼虫培养法的操作技术；通过虫卵计数了解动物寄生虫卵感染强度以及驱虫效果评定。

二、实训器材

(一)试剂

50%甘油生理盐水，饱和盐水，擦镜纸，氢氧化钠，二甲苯(或乙醇/乙醚混合液)等。

(二)设备与器材

生物光学显微镜，粪筛，铁丝圈，粗天平，眼科镊，玻璃棒，烧杯(100 mL)，胶头滴管，载玻片，盖玻片，离心管，三角烧瓶(100 mL)，胶塞，玻璃珠，虫卵计数板，培养皿。

三、技术路线

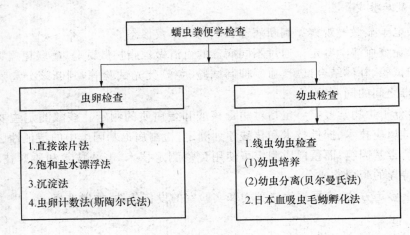

四、实训内容

(一)虫卵检查

1. 直接涂片法

在洁净载玻片的中央滴 2～3 滴 50％甘油生理盐水,用眼科镊或竹签挑取一小块新鲜粪便,与载玻片上的甘油生理盐水混匀,去掉粪渣,将已混匀的粪液涂成薄膜,薄膜的厚度以能隐约透视书报上的字迹为宜,再滴一滴甘油生理盐水在其上,加盖玻片,置低倍镜下检查,如发现虫卵,再置于高倍镜仔细观察。

此法操作简便,可检查各种蠕虫卵,但在虫卵数量不多时,检出率不高。因此,每次须作 3 张涂片检查,才能收到比较好的效果。

2. 饱和盐水漂浮法

饱和盐水漂浮法即采用比虫卵比重大的溶液使蠕虫卵、球虫卵囊等浮集于液体表面,易于检查。常用于检查线虫卵、某些绦虫卵和球虫卵囊,对比重较大的吸虫卵和棘头虫卵效果较差。

取粪便约 5 g,置于玻璃杯或塑料杯内,加少量饱和盐水,充分搅拌;待粪与盐水充分混匀后,再加入粪便的 10～12 倍量饱和盐水,并搅拌均匀,用 40 目或 60 目铜丝筛或双层纱布过滤,滤液静置 30～40 min;用直径 5～10 mm 的铁丝圈,与液面平行接触以蘸取表面液膜,抖落在载玻片上,加盖玻片,镜检。也可以取粪便 1 g,加饱和盐水 10 mL,混匀、筛滤;滤液注入试管中,补加饱和盐水使试管充满,上覆以盖玻片,并使液体和盖玻片接触,其间不留气泡,直立 30 min 后,取下盖玻片,以湿面覆于载玻片上检查。

【饱和盐水的配制】先将水煮沸,然后加入食盐搅拌,使之溶解,边搅拌边加食盐,直加至食盐不再溶解而生成沉淀为止(1 000 mL 沸水中约加食盐 380 g,其比重约为 1.18),再以双层纱布或脱脂棉过滤,待凉后即可使用。

3. 沉淀法

利用虫卵的比重大于水的原理,使虫卵沉淀于水底,以提高虫卵检出率。常用于检查吸虫卵和棘头虫卵。

(1)自然沉淀法　取粪便 5～10 g,加入 10～20 倍量的水,充分搅拌成混悬液,经 40 目或 60 目铜丝筛(或 2 层纱布)过滤于锥形量杯内,再加清水至距离量杯口 2 cm 处,静置 15～20 min,待粪渣沉到杯底后倾去上层液,留下沉淀物再加满清水静置 10～15 min,如此反复几次,直至上层液体透明为止,最后倾去上层液取沉渣涂片,镜检。

(2)离心沉淀法　取粪便1～2 g,置于小烧杯内,约加10倍量的水,充分搅拌成混悬液,用40目或60目铜丝筛过滤至另一小烧杯内,倒入离心管中,放在离心机内,1 500 r/min,离心3 min,最后倾去上层液,取沉渣涂片,镜检。

4. 虫卵计数法(斯陶尔氏法)

主要用于生前判断某种消化系统寄生虫的感染强度和某种药物的驱虫效果。虫卵计数所得数据受很多因素的影响,只能对寄生虫的寄生量作一个大致的判断。影响虫卵计数精确性的因素,首先是虫卵在粪便内的分布不均匀,测定少量粪便内的虫卵量以推算全部粪便中的虫卵总量就不准确;此外,寄生虫的年龄、宿主的免疫状态、粪便的浓稠度、雌虫的数量、驱虫药的服用等很多因素,均影响着排出虫卵的数量和体内虫体数量的比例关系。虽然如此,虫卵计数仍常被用作某种寄生虫感染强度的指标。在实际工作中,为了获得较准确的结果,需在每天的不同时间里检查3次,连续检查3 d,然后取其平均数。

在小三角烧瓶(或大试管)的容量56 mL和60 mL处各做一个标记;先取0.4%的氢氧化钠溶液注入容器内到56 mL处,再加入被检粪便使液体升到60 mL处,然后加入10个直径3 mm的小玻璃珠,盖上橡皮塞,振荡使粪便完全破碎混匀;而后在混匀的情况下用吸管吸取粪液0.15 mL(内含粪便0.01 g),滴于载玻片上,覆以20 mm×40 mm的长盖玻片,在显微镜下循序检查,统计其中虫卵总数(注意不可遗漏和重复)。将所数得的虫卵数乘以100,即为1 g粪便中含有的虫卵数。此法适用于大部分虫卵的计数。

【计算原理】在60 mL粪汁中含有粪便4 g,那么15 mL粪汁中就含有1 g粪便,依此类推,则0.15 mL粪汁中就含有0.01 g粪便。因此,将0.15 mL粪汁中所得的虫卵数乘以100,即为1 g粪便中含有的虫卵数。

(二)幼虫检查

1. 线虫幼虫检查

圆线虫种类很多,其虫卵在形态上又很相似,难以区别。有时为了区别这些线虫的种类,常将含有虫卵的粪便加以培养,待其中虫卵发育成为幼虫时,再检查幼虫,根据幼虫的形态加以鉴别。

(1)幼虫培养　取新鲜粪便或经水洗沉淀后所收集的粪渣放入培养皿内,加水调成糊状,塑成半球形,使半球形的顶部略高于皿的边缘,然后加盖与粪相接触。置25～30℃温箱中,注意保持皿内湿度(加水或加灭菌粪液)。经7 d后,吸取皿盖上的水珠或皿内液体镜检,或用贝尔曼氏装置收集幼虫。

（2）幼虫分离（贝尔曼氏法）　此法多用于动物粪便中线虫幼虫的检查,也可用于动物组织器官或土壤中线虫幼虫的检查。

取直径 10～15 cm 的玻璃漏斗 1 个,漏斗的下端套一长约 10 cm 的橡皮管,并用止水夹夹住,将漏斗置于漏斗架上,漏斗内放一粪筛（或纱布）;取粪便 15～20 g,放入漏斗中的粪筛（或纱布）上,沿漏斗边缘加入 37～40℃ 温水,直至将粪样覆盖为止。此时应注意观察橡皮管,若管内有气泡应及时排出,以免阻碍幼虫下沉。静置 1 h,松开止水夹,徐徐放出橡皮管内的液体于离心管中,将此离心管置离心机中以 1 500 r/min 离心 3 min,然后取出离心管,倾去上清液,用吸管吸取沉渣,涂片镜检。

此法所得幼虫运动活泼,不易看清楚其结构。如欲致幼虫死亡,作较详细的观察,可在有幼虫的载玻片上,滴加卢戈氏碘液,幼虫很快死去,并染成棕黄色。

2. 日本血吸虫毛蚴孵化法

因为这类吸虫卵在清水中,20～30℃ 条件下于 6 h 内绝大部分活卵可孵化成毛蚴,且毛蚴又具有向光性、向上性和向清性的特点,同时毛蚴还具有在水面下直线游动的习性,这样,在粪便中虫卵很少时,也能检查到毛蚴,其检出率比直接检查虫卵的方法高得多。

取待检粪便（尽量取带有黏液或血液的部分）100 g,置 500 mL 容器内,加水调成糊状,通过 40 目或 60 目铜丝筛过滤,收集滤液;将滤液倒入 260 目锦纶筛兜内,加水充分淘洗,直到滤出液变清为止;将兜内粪渣倒入 500 mL 三角烧瓶内,加温水进行孵化。

孵化用水应取未经化肥、农药或工业污染的,pH 6.8～7.2。孵化温度以 22～26℃ 为宜,室温在 20℃ 时不需加温,可直接进行孵化,孵化时应有一定的光线。

粪样孵化后,第 1、3、5 小时各观察一次,检查有无毛蚴在瓶内出现。毛蚴为灰白色、折光性强的梨形小虫,多在距水面下方 4 cm 以内的水中作水平的或略斜向的直线运动。应在光线明亮处,衬以黑色背景用肉眼观察,必要时可借助于放大镜,每次每个粪样要求观察 2 min 以上,发现毛蚴者即判为阳性。观察时应与水虫区别,毛蚴大小较一致,水虫则大小不一,一般略大于毛蚴;显微镜下观察,毛蚴呈前宽后狭的梨形,前端有一突起,水虫多呈鞋底状。

除以上三角烧瓶孵化法外,有些地区尚采用棉析法、顶管法或试管倒插法等。

附:测微技术

各种虫卵和幼虫,常有恒定的大小,测量虫卵、幼虫的大小,可作为鉴定某种虫卵或幼虫的依据之一。虫卵或幼虫的测量需用测微器。

测微器由目镜测微尺和镜台测微尺组成。目镜测微尺是一个可放于目镜中隔环上的圆形玻片,其上刻有 50～100 刻度的小尺。使用时,将目镜的上端旋开,将此测微尺放于镜头内隔位上,再将镜头旋好,此时通过此镜头即可在视野内见到一清晰的刻度尺。此刻度并不具有绝对的长度意义,而必须通过镜台测微尺换算之。镜台测微尺是一载玻片,其中央封有一标准刻度尺,一般是将 1 mm 均分为 100 小格,亦即每小格的绝对长度为 10 μm。使用时放在显微镜载物台上,调节显微镜使能清楚地看到镜台测微尺上的刻度,移动镜台测微尺,使与目镜测微尺重合,此时即可确定在固定的物镜、目镜和镜筒长度的条件下,目镜测微尺每格所表示的长度。

【方法】将目镜测微尺和镜台测微尺的零点对齐,再寻找目镜测微尺和镜台测微尺上较远端的另一重合线,算出目镜测微尺的若干格相当于镜台测微尺的若干格,从而计算出目镜测微尺上每格的长度。例如,在用 10 倍接目镜、40 倍接物镜、镜筒不抽出的情况下目镜测微尺的 44 格相当于镜台测微尺的 15 格(即 150 μm),即可算出目镜测微尺的每格长为:150 μm÷44＝3.409 μm。

在测量具体虫卵时,可将镜台测微尺移去,只用目镜测微尺测量。如量得某虫卵的长为 24 格,则其具体长度应为 3.409 μm×24＝81.816 μm,但应注意,以上算得的目镜测微尺的换算长度只适用于一定的显微镜,一定的目镜,一定的物镜等条件。更换其中任一因素,其换算长度必须重新测算。如需用油镜头时,必须在物镜测微尺上加盖玻片,以防把格线弄模糊。

(徐前明)

实训五　血清(免疫)学检验技术

一、实训目标

了解血清学反应的基本原理,掌握常见血清学检测技术。

二、实训器材

(一)试剂

琼脂糖,抗原,抗体,酶标抗体,生理盐水,包被液,洗涤液,底物液,终止液。

(二)设备与器材

恒温培养箱,高压蒸汽灭菌器,干燥灭菌箱,高速离心机,酶标仪,试管,微量移液器,酶标板,血凝板,载玻片等。

三、技术路线

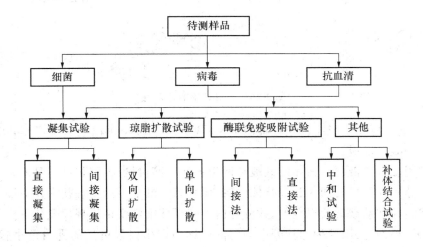

四、实训内容

可用于微生物抗原或其相应抗体的检测。根据微生物抗原性质不同,可选用适当的血清学检测方法。

(一)待测样品

细菌等颗粒性抗原,选择直接凝集法进行检测。

病毒或蛋白抗原等可溶性抗原,采用间接凝集、琼脂扩散和酶联免疫吸附试验等方法进行检测。

(二)方法

1. 凝集试验

可分为直接凝集和间接凝集(图 2-26),是指颗粒性抗原或吸附于颗粒载体的可溶性抗原与相应抗体反应的一种试验方法。

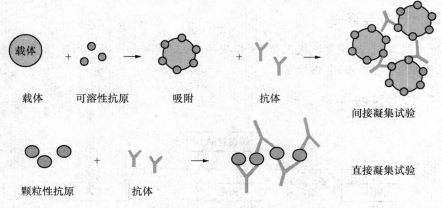

载体　　　可溶性抗原　　　吸附　　　　抗体　　　　　　　　　间接凝集试验

颗粒性抗原　　　　抗体　　　　　　　　　　　　　　　直接凝集试验

图 2-26　凝集试验原理示意

（1）玻片凝集法　　一种定性检测细菌（或吸附于乳胶颗粒上的病毒）与相应抗体进行的凝集反应。

①用微量移液器在洁净的载玻片两端各加一滴待检样品（如细菌悬液）。

②分别在加样处加入已知抗体（或抗原），另一端加一滴生理盐水作对照。

③轻轻摆动载玻片以混匀，数分钟内不间断仔细观察结果现象变化。

④结果判定：阳性为加样处由均匀混浊逐渐产生肉眼可见的乳白色小颗粒乃至片状凝集块，而菌液则逐渐变清亮乃至透明。阴性无明显变化。

（2）微量板反应　　微量板法是将抗原和相应的抗体加入到微量反应孔内进行反应，一般用于定量检测抗体的效价。

①加稀释液：用微量移液器吸取 40 μL 生理盐水，加入微量反应条孔内，自左向右从第 1 孔至第 12 孔。

②倍比稀释抗体：用微量移液器吸取 40 μL 抗体，加入微量反应条的第 1 孔，经微量移液器反复吹打 6～8 次后，从第 1 孔吸出 40 μL，加入第 2 孔；重复上次操作，直至第 11 孔，弃去 40 μL，见图 2-27 。

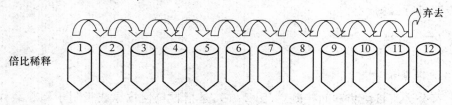

倍比稀释　　1　2　3　4　5　6　7　8　9　10　11　12　　　弃去

抗体稀释度　1:2^1　1:2^2　1:2^3　1:2^4　1:2^5　1:2^6　1:2^7　1:2^8　1:2^9　1:2^{10}　1:2^{11}　对照

图 2-27　抗体倍比稀释示意

③加抗原(菌液):每孔加 40 μL,在微量振荡器上振荡 2 min。

④反应:过夜后,观察并记录结果。

⑤结果判定:确定抗体凝集效价时,应以出现"++"(50%)凝集现象的最高血清稀释度为抗血清的凝集价。

++++:出现大的凝集块,液体完全清亮透明,即 100% 凝集。

+++:有明显的凝集片,液体几乎完全透明,即 75% 凝集。

++:有可见的凝集片,液体不甚透明,即 50% 凝集。

+:液体混浊,有小的颗粒状物,即 25% 的凝集。

-:液体均匀混浊,即不凝集。

2. 琼脂扩散试验(AGP)

双向扩散法可用于检测可溶性抗原或血清抗体。单向扩散法用于检测抗原。以常见的双向扩散法为例:

(1)制板 将预先配制的 1% 琼脂糖凝胶置水浴锅中加热,待其完全融化后,用 10 mL 移液管吸取 4 mL 凝胶,小心均匀地滴加在洁净的载玻片上(先做标记),然后使其自然冷却至凝固状态(琼脂糖由透明无色转变为半透明灰白色)。

(2)倍比稀释抗体

①加稀释液:用微量移液器吸取生理盐水,加入微量反应孔内,自左向右从第 1 孔加第 6 孔,每孔 30 μL。

②倍比稀释抗体:用微量移液器吸取 30 μL 抗体,加入微量反应条的第 1 孔,经微量移液器反复吹打 6~8 次后,从第 1 孔吸出 30 μL,加入第 2 孔;重复上次操作,直至第 5 孔,弃去 30 μL。

(3)打孔 用打孔器按图案(图 2-28)打孔,孔直径约 3 mm,孔距 4~5 mm,然后用注射器针头轻轻挑去孔内琼脂。

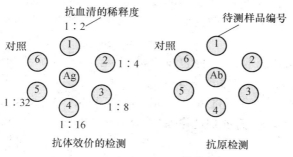

图 2-28 琼脂双向扩散试验加样示意

（4）封底　将上述载玻片背面置点燃的酒精灯上方来回平行晃动加热多次，以底部略烫手为宜。

（5）加样　满而不溢。

检测抗血清：用微量移液器在中间孔加待检抗原，周边孔按逆时针方向从低浓度到高浓度加稀释的抗体液（即第5孔至第1孔），第6孔加生理盐水作为空白对照。

检测抗原：中间孔加已知抗体，周边孔加待检样品液，第6孔稀释液对照。

（6）反应与结果判定　小心将载玻片置湿盒内37℃过夜反应，观察结果。

单向琼脂扩散试验是将适量的抗体加入琼脂糖凝胶，混匀后浇注成板，在凝固后的琼脂糖凝胶板上打孔，孔中加入抗原，如果抗原与抗体发生特异性结合，在一定时间后，能够在比例适当处形成白色沉淀环。

3. 酶联免疫吸附试验（ELISA）

在畜禽疾病检测中，既可以检测抗体水平（间接法），也可以检测病毒抗原（夹心法）。

以间接法为例，简要步骤如下：

（1）包被已知抗原　将抗原溶于包被缓冲液中，浓度为$1\sim10\ \mu g/mL$。用移液器加入酶标专用96孔微量反应板（或反应条），$100\ \mu L$/孔。在振荡器上振荡1 min，使之均匀分布孔底。4℃冰箱过夜吸附。

（2）洗涤　从冰箱取出，去除包被液，用力甩干，每孔加洗涤液（不要溢出），振荡$2\sim3$ min，去除液体，重复洗涤3次。

（3）稀释一抗并加样

①稀释一抗：取一洁净反应板，加稀释液$150\ \mu L$/孔，然后取一抗$150\ \mu L$加入第一列孔内，经反复吹打，吸取$150\ \mu L$至第二列孔内，……直至第10孔。

②加样：第1孔至第10孔从稀释度最大的一孔始，各取$100\ \mu L$/孔加入经洗涤的反应板孔内，第11孔加阴性血清对照，第12孔作空白对照；置37℃反应$30\sim45$ min。

（4）洗涤　从冰箱取出，去除包被液，用力甩干，每孔加洗涤液（不要溢出），振荡$2\sim3$ min，去除液体，重复洗涤3次。

（5）二抗反应　加酶标抗体，$100\ \mu L$/孔，37℃反应$30\sim45$ min；从冰箱取出，去除包被液，用力甩干，每孔加洗涤液（不要溢出），振荡$2\sim3$ min，去除液体，重复洗涤3次。

（6）加底物液反应　$100\ \mu L$/孔，避光反应$10\sim30$ min。

（7）终止反应　加终止液，$100\ \mu L$/孔；肉眼观察或酶标仪检测。

(8)结果判定

①肉眼观察时：如果样本颜色反应超过阴性对照，即判为阳性。

②酶标仪检测时：比率表示法。用测定标本孔的吸收值与一组阴性标本测定孔平均吸收值的比值（P/N）表示，当 $P/N>2.1$ 时，判为阳性。

③终点滴度表示法：在测定时对标本进行连续稀释，能出现阳性反应的最高稀释度为该标本的滴度。

④标准曲线法：在测定标本的同时，测定一组含有已知抗体含量的标准血清，以吸收值为纵坐标，以抗体含量为横坐标，可绘制一标准曲线，根据测定标本的吸收值找出相应的抗体含量，再乘以待检标本的稀释倍数，即可得到待测样本的抗体含量。

【包被液配制】(0.05 mol/L，pH 9.6 碳酸缓冲液)：1.5 g 碳酸钠，2.9 g 碳酸氢钠，溶于 1 000 mL 蒸馏水。

【洗涤液配制】(pH 7.4，0.02 mol/L，0.85％氯化钠，0.1％ 吐温-20)：8.0 g 氯化钠，0.2 g 磷酸二氢钾，2.9 g 磷酸氢二钠，0.2 g 氯化钾，溶于 1 000 mL 蒸馏水，加入 0.5 mL 吐温-20。

【底物液配制】根据不同的酶选用不同底物：联苯二胺(OPD)和过氧化氢(H_2O_2)，配制 A 液(0.1 mol/L 柠檬酸溶液)和 B 液(0.2 mol/L 磷酸氢二钠)，使用前，量取 4.86 mL A 液，5.14 mL B 液，加入 4 mg OPD，溶解后加入 50 μL 30％H_2O_2。

【终止液配制】(2 mol/L 硫酸)：取约 600 mL 水倒入烧杯，量取 108.7 mL 浓硫酸缓慢倒入水中，同时不断搅拌，等溶液冷却至室温后转移至 1 L 容量瓶中定容（根据试验需要配制）。

4.其他血清学方法

除上述常见几种血清学方法，畜禽疫病诊断技术中还有中和试验、补体结合试验等方法，不再赘述。

（刘雪兰）

实训六　分子生物学检验技术

一、实训目标

掌握检测畜禽疾病病原的常用分子生物学方法。

二、实训器材

(一)试剂

各种 TRNzol-A$^+$ 总 RNA 提取试剂,DNA 聚合酶,反转录酶,$10\times$PCR 缓冲液,dNTP 混合液,细胞裂解缓冲液,蛋白酶 K,DNA Ladder,低熔点琼脂糖,核酸染料,$1\times$TAE 缓冲液,酚∶氯仿∶异戊醇(25∶24∶1),异丙醇,冷无水乙醇,70%乙醇以及实时荧光定量 PCR 扩增相关试剂等。

(二)设备与器材

恒温水浴锅,台式离心机,PCR 仪,高速冷冻离心机,水平电泳槽,电泳仪,凝胶成像分析系统,超低温冰箱,微波炉,匀浆器,微量移液器,点样板,离心管等。

三、技术路线

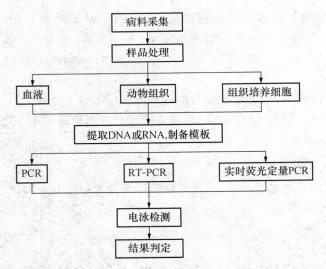

四、实训内容

可根据病原保守基因片段,设计特异性引物,通过 PCR、RT-PCR 等方法检测畜禽病原微生物。

(一)病料采集

主要采集的对象是细菌、病毒感染的病变组织或细胞。

(二)样品处理

1. 血液

在 1.5 mL 离心管中加入 100～200 μL 无核红细胞血液(或 5～10 μL 有核红细胞血液),用无菌 PBS 补足 200 μL,振荡混匀。

2. 组织培养细胞

离心收集不超过 $5×10^6$ 个的细胞(贴壁培养的细胞应先用胰酶消化成单个细胞后),离心收集到的细胞沉淀用 1 mL PBS 重悬,并将细胞悬液转移到 1.5 mL 离心管中,再次离心,弃上清液,加入 200 μL 裂解液重悬细胞。对于倍性较高的细胞如 Hela 细胞,应使用较少的细胞,取 $(1～2)×10^6$ 个细胞。加入 200 μL 裂解液,彻底悬浮。

3. 动物组织

将病料组织放入研钵中,加入 2～3 mL PBS,反复研磨。将研磨液倒入离心管中,反复冻融 3 次,12 000 r/min 离心 5 min,吸取上清液。

(三)基因组 DNA 和总 RNA 提取

1. 基因组 DNA 提取

(1)50 μL 样品液加入 400 μL 消化液,55℃孵育 4～6 h,12 000 r/min 离心 10 min。

(2)取 400 μL 上清液,加入 200 μL 苯酚、200 μL 氯仿(血清样品可加 600 μL)混匀(不可吹打)。

(3)12 000 r/min 离心 10 min。

(4)取上清液 400 μL,加入 800 μL 冰乙醇混匀,−20℃,30 min。

(5)12 000 r/min 离心 10 min,弃上清液,加 500 μL 70%乙醇洗沉淀(横向轻轻转动)。

(6)弃去液体,风干。

(7)加入 30 μL ddH$_2$O 溶解。

【消化液配制】4 μL Tris-HCl(1 mol/L,pH 8.0),80 μL EDTA (0.1 mol/L,pH 8.0),20 μL 10%十二烷基硫酸钠(SDS),286 μL ddH$_2$O,10 μL 蛋白酶 K,混匀。

2. Total RNA 提取

加入 1 mL 总 RNA 提取试剂(Trizol)至上述处理好的组织中,使组织充分裂解,转移至无 RNA 酶的离心管中,剧烈振荡 15 s,冰上静置 5 min。

(1)在上述裂解液中加入 200 μL 预冷的氯仿,颠倒混匀 10 s,冰上静置 5 min,4℃、12 000 r/min 离心 15 min,取上清液,切勿吸取中间蛋白层。

(2)加入 500 μL 预冷的异丙醇,轻轻颠倒混匀,冰上静置 15 min,4℃,12 000 r/min 离心 10 min,弃上清液,切勿吸取沉淀。

(3)加入 1 mL 现配的 75% 乙醇轻轻悬浮沉淀,4℃,5 000 r/min 离心 5 min,弃上清液,切勿弃去 RNA 沉淀。

(4)将管壁残余液体吸弃干净,室温干燥沉淀 5 min。

(5)加入 20 μL 无核糖核酸酶(RNAase-free)的 ddH_2O 充分溶解沉淀,进行后续实验或放置－80℃冰箱保存备用。

(四)常见分子生物学方法

1. PCR 扩增目的基因

(1)配制 PCR 反应体系:以 25 μL 体系为例。

10×PCR Buffer	2.5 μL
dNTP mixture(2.5 mmol)	2 μL
DNA polymerase(2.5 U/μL)	0.25~0.5 μL
引物 1(10 μmol)	0.5 μL
引物 2(10 μmol)	0.5 μL
DNA 模板	<0.5 μg
ddH_2O	补足至 25 μL

(2)PCR 扩增

①94℃预变性(可参考产品说明)	3 min
②94℃变性	30 s
③55℃退火(可自行设定)	30 s
④72℃延伸	1 min
②—④步骤,30 循环	
⑤72℃延伸	10 min
⑥4℃	保存。

2. RT-PCR 扩增目的基因

(1)cDNA 第一链合成　制备总 RNA 模板后,可参考相应产品说明书进行 RT-PCR。

例：按天根生化科技（北京）有限公司反转录试剂盒及 *Taq* DNA ploymerase 说明书进行反转录，操作步骤如下：

①在冰浴的 Microtube 中配制如下反应混合物共 20 μL：

RNA 模板	1～5 μg
Oligo dT primer	2 μL
dNTP	2 μL
RNase-free ddH₂O	补足至 14.5 μL

70℃作用 5 min 后，冰上迅速冷却 2 min，简短离心。

②将上述反转录 Microtube 管置于冰上配制如下 20 μL 体系的反转录反应液：

5×primer script Buffer	4 μL
RNase inhibitor	0.5 μL
Primer Script Ⅱ RNase	1 μL

③冰上轻轻缓慢混匀，37℃ 20 min，95℃ 5 min 终止反应，置冰上进行后续实验或于 -20℃ 冰箱保存备用。

（2）目的基因扩增　应用病原特异性引物按照上述扩增体系及程序进行 PCR。

3. 实时荧光定量 PCR 检测

实时荧光定量 PCR（realtime fluorescence quantitative PCR，qPCR）是通过荧光染料或荧光标记的特异性探针，对 PCR 产物进行标记跟踪，实时在线监控反应过程，结合软件分析待检样品的含量，明显提高样品检测的灵敏度。SYBR Green Ⅰ荧光定量法是一种常见的半定量 qPCR，操作相对简便，成本相对较低。

（1）模板制备　样品处理后提取组织 DNA 或 RNA，制备 DNA 或 cDNA 模板。

（2）标准曲线　针对每一需要测量的基因，选择一确定表达该基因的 DNA 模板进行 PCR 反应。通过熔解曲线分析扩增的特异性，分析标准曲线的 R^2 和扩增效率 E 值的有效性（图 2-29）。

（3）待测基因的 qPCR　如配制 20 μL 反应体系：

SYBY® Premix *Taq* Buffer	10 μL
上游引物（10 μmol）	0.5 μL
下游引物（10 μmol）	0.5 μL
模板	适量
ddH₂O	补足至 20 μL

稍离心，上机。按照购置的试剂盒说明书，调整反应体系和退火温度。

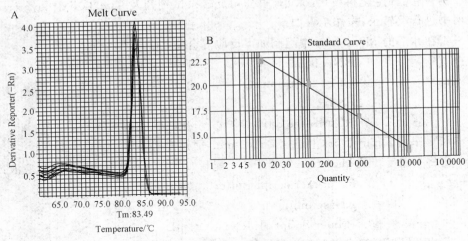

图 2-29　荧光定量检测分析

A. 熔解曲线；B. 标准曲线

(五)扩增产物的琼脂糖电泳检测

(1)制备 1.0%琼脂糖凝胶　根据目的基因片段的大小,可配制相应浓度的琼脂糖凝胶(表 2-7)。以 1.0%琼脂糖凝胶配制为例:称取 1 g 低熔点琼脂糖,放入锥形瓶中,加入 100 mL 1×TAE 缓冲液,置微波炉加热至完全溶化,加入适量溴化乙锭染色剂。

表 2-7　线状 DNA 片段分离的有效范围与琼脂糖凝胶浓度关系

琼脂糖凝胶的百分浓度/%	分离线状 DNA 分子的有效范围/kb
0.3	5~60
0.6	1~20
0.7	0.8~10
0.9	0.5~7
1.2	0.4~6
1.5	0.2~4
2.0	0.1~3

(2)将琼脂糖凝胶液缓缓倒入已插好样品梳的有机玻璃内槽(注意不要形成气泡)。

(3)待胶凝固后,取出梳子,将有机玻璃内槽放在电泳槽内,加入电泳缓冲液。

（4）用微量移液器将已加入上样缓冲液的 DNA 样品加入加样孔中（记录点样顺序及点样量）。

（5）接通电泳槽与电泳仪的电源（注意正负极，DNA 片段从负极向正极移动）。

DNA 的迁移速度与电压成正比，最高电压不超过 5 V/cm。当溴酚蓝染料移动到距凝胶前沿 1～2 cm 处，停止电泳，在紫外灯下或在凝胶成像系统观察电泳结果，拍照。

（六）结果判定

PCR 和 RT-PCR 可直接通过琼脂糖电泳检测目的片段，与阳性标准品进行对比（图 2-30），可为疫病病原的确诊提供重要参考，确诊还要结合临床症状、剖检病变等进行综合判断，实时荧光定量 PCR 可通过扩增曲线、扩增效率、电泳检测等方法综合分析。此外，还可以通过对目的片段进行测序予以确诊。

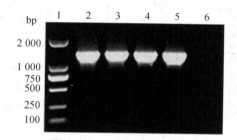

图 2-30　琼脂糖凝胶电泳检测 PCR 扩增产物
1. DNA；2～4. 样品；5. 阳性对照；6. 阴性对照

（刘雪兰）

实训七　猪、禽疫病的问卷调查设计

一、实训目标

掌握动物疫病问卷调查设计基本原则、调查方法和内容。

二、实训器材

电脑（安装 Office 办公软件）。

三、技术路线

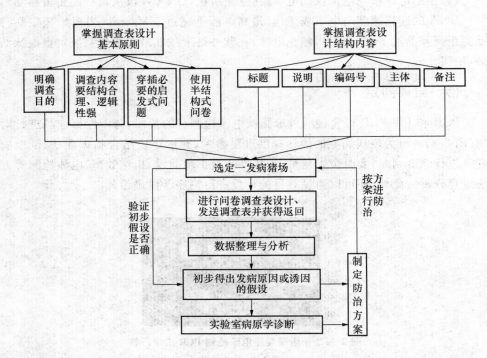

四、实训内容

(一)疫病问卷调查设计基本原则

(1)明确调查目的　如对某时、某地区、某养殖场一起疫情病因的调查。

(2)调查内容要结构合理、逻辑性强　调查问题的排列应有一定的逻辑顺序，符合应答者的思维程序。一般是先易后难、先简后繁。便于资料的校验、整理和统计。

(3)穿插必要的启发式问题　因为要充分考虑到被调查者可能对有些调查内容回忆不起来。

(4)使用半结构式问卷　问卷可分为结构式、开放式、半结构式3种基本类型。半结构式问卷介乎于结构式和开放式两者之间,问题的答案既有固定的、标准的,也有让回卷者自由发挥的,吸取了两者的长处。这类问卷在实际调查中运用还是比较广泛的。

（二）疫病问卷调查设计的结构内容

1. 问卷表的一般结构

包括标题、说明、编码号、主体、备注等5项。

（1）标题　每份疫病问卷都有一个疫病调查主题，主题要使人一目了然。如某猪场发生猪"无名"高热症状的疫病问卷调查表。

（2）说明　问卷前面应有一个说明。这个说明可以是一封发给调查对象的信，也可以是指导语用来说明这个调查的目的意义及填答问卷的要求和注意事项。问卷说明结尾要留空处用来填写"调查单位名称和年月日"。举例《某猪场发生猪"无名"高热症状的疫病问卷调查表》的说明内容如下，"您好：请仔细阅读下面信息。对猪群发病情况及饲养管理、疫苗免疫、用药、人员车辆出入等情况的调查，是疫病确诊非常重要的基础工作。上述信息提供的越详细、真实，越有利于疾病的正确、快速诊断，可为下一步快速制定有效的防治方案提供重要的保障。本调查问卷表，共计4页，包括63项调查内容，该表紧紧围绕发病猪群发病前后可能会影响发病的因素开展全面问询，请填表人汇同熟悉疫情情况的人员按照调查表设计内容尽量提供详尽的相关信息。在填表过程中，若遇到任何疑问或有好的建议与想法，请及时联系调查人。该表在收到之日起3 d之内返回调查人。调查人姓名：×××；联系方式：×××"。

（3）编码号　对调查表编号以便于资料的校验、整理和统计。例如P2015032502，其中P代表动物种类（猪）；20150325表示2015年3月25日发出调查表；02表示当日进行的第二个调查。

（4）主体　这是调查主题的具体化，是问卷的核心部分。问题和答案是问卷的主体。尽量使用半结构式问卷。并且遵循先易后难、先简后繁原则。如①猪场基本信息，②发病猪群基本信息，③发病主要特征；上述①～③项调查基本能够直观了解疫病发生发展基本情况。④抗生素治疗效果，⑤临时消毒效果；一般养殖场在发生疫病后第一反应是进行消毒和抗生素治疗，所以上述④和⑤项调查基本能够反映出初步治疗和防控效果。⑥发病前的免疫情况，⑦发病前使用饲料情况，⑧外购猪或混群情况，⑨饲养员情况，⑩车辆及外来人员进入情况；上述⑥～⑩项主要是调查猪群发病前生物安全防控是否存在漏洞和发病是否与疫苗免疫刺激有关。⑪常规疫苗免疫程序，⑫保健情况；⑪和⑫项是调查猪群平时保健和疫苗免疫情况。通过上述12项调查，能够了解猪群发病基本信息、紧急治疗和防控效果、生物安全防控情况、免疫情况等，可为疫病初步诊断和是否需要进一步实验室确诊提供参考依据。

（5）备注　　用以记录调查完成的情况和需要复查、校订的问题,格式和要求都比较灵活,调查访问员和复核人员均在上面签写姓名和日期。

（三）实例分析

选取案例进行疫病问卷调查表的设计。

（四）调查表的评价

（1）对照疫病问卷调查设计基本原则和结构内容要求,对学生设计的调查表进行评价。

（2）通过实例分析,得出疫病病因初步假设,结合实验室诊断制定防治方案,根据防治效果对初步假设进行验证。

（五）附模板一例

《某猪场发生猪"无名"高热症状的疫病问卷调查表》。

填表说明

对猪群发病情况及饲养管理、疫苗免疫、用药、人员车辆出入等情况的调查，是病情确诊非常重要的基础工作。上述信息提供的越详细、真实，越有利于疾病的正确、快速诊断，可为下一步快速制定有效的防治方案提供重要的保障。本调查问卷表，共计4页，包括63项调查内容，该表紧紧围绕发病猪群发病前后可能会影响发病的因素开展全面问询，请填表人汇同熟悉疫情的人员按照调查表设计内容尽量提供详尽的相关信息。在填表过程中，若遇到任何疑问或疑问的建议与想法，请及时联系调查人。

该表在收到之日起3 d之内返回调查人。

调查人姓名：×××

联系方式：×××

编号：2015010501

_____场猪"无名高热"疫病调查问卷表

猪场位置	___市 ___县 ___村	调查表填写人		联系电话		填表时间
3 km内是否有其他猪场		其他猪场是否有疫情		其他猪场疫情情况		

本场疫病发病情况及相关信息

	调查序号	问卷内容	产房母猪	产房仔猪	保育舍	育肥舍	后备母猪	限位栏	公猪	其他
猪场基本信息	1	是否是自繁自养								
	2	当前各阶段猪饲养量								
发病猪群基本信息	3	发病猪群类型（用"√"表示）								
	4	发病猪所在猪舍编号								
	5	同类型的猪舍有多少栋								
	6	按发病先后顺序用数字标注，同一数字表示同一时间发病一样								

续表

调查序号	问卷内容	产房母猪	产房仔猪	保育舍	育肥舍	后备母猪	限位栏	公猪	其他
7	主要发病症状								
8	主要剖检病理变化								
9	猪群表现异常的最早日期（如减食、厌食、精神不振、扎堆、皮肤发红或发紫、被毛粗乱、被毛没有光泽、有泪斑、体温升高等）	月　日	月　日	月　日	月　日	月　日	月　日	月　日	月　日
10	发现猪群表现主要症状的日期（如咳嗽、喘、腹泻、皮肤潮红、高烧、站立不稳、不愿意站立、关节肿大、嘶叫或没有明显症状就突然死亡、流产、发情推迟、配不上种等）	月　日	月　日	月　日	月　日	月　日	月　日	月　日	月　日
11	发病高峰的时间段	月　日至月　日	月　日至月　日	月　日至月　日	月　日至月　日	月　日至月　日	月　日至月　日	月　日至月　日	月　日至月　日
12	发病数开始下降的日期	月　日	月　日	月　日	月　日	月　日	月　日	月　日	月　日
13	总计发病数量								
14	总计死亡数量								
15	治疗所用抗生素的种类								
16	饮水								
17	饮水每天使用剂量和次数								
18	拌料								
19	拌料每天使用剂量和次数								
20	肌肉注射								

发病主要特征

抗生素治疗效果

续表

调查序号	问卷内容		产房母猪	产房仔猪	保育舍	育肥舍	后备母猪	限位栏	公猪	其他
21	抗生素治疗效果	肌肉注射每天使用剂量和次数								
22		口服								
23		口服每天使用剂量和次数								
24		哪天开始使用的								
25		使用了多少天								
26		效果如何								
27	临时消毒效果	发病期间猪舍内消毒								
28		消毒液名称								
29		消毒时间								
30		消毒次数								
31	发病前的免疫情况	发病前20天之内免疫情况								
32		(1)第1种疫苗免疫情况 疫苗名称								
33		疫苗厂家								
34		疫苗采购时间								
35		疫苗免疫时间								
36		免疫后应激情况								
37		免疫后一周的反应								
38		(2)第2种疫苗免疫情况								
39		(3)第3种或以上疫苗免疫情况								

续表

	调查序号	问卷内容	产房母猪	产房仔猪	保育舍	育肥舍	后备母猪	限位栏	公猪	其他
发病前使用饲料情况	40	发病前 40 d 之内是否更换饲料或部分饲料原料								
	41	更换饲料或原料名称								
	42	饲料保存和霉变情况								
外购猪或混群情况	43	发病前半个月是否有混群								
	44	发病前 1 个月是否外购猪								
	45	外购猪所在猪舍与发病猪距离								
饲养员情况	46	猪舍近期是否更换饲养员								
车辆及外来人员进入情况	47	猪舍或本场近期是否有外来人员进入								
	48	外来人员进人做什么？参观、取样、维修等								
	49	是否有外来车辆进入、做什么								
常规疫苗免疫程序	50	疫苗免疫情况								
	51	猪瘟疫苗								
	52	猪蓝耳病疫苗								
	53	伪狂犬疫苗								
	54	口蹄疫疫苗								
	55	猪气喘苗								

续表

问卷内容	调查序号	产房母猪	产房仔猪	保育舍	育肥舍	后备母猪	限位栏	公猪	其他
常规疫苗免疫程序	腹泻三联苗	56								
	大肠杆菌苗	57								
	其他	58								
保健情况	保健药品名	59								
	次数（饮水）	60								
	次数（拌料）	61								
	次数（肌肉注射）	62								
	次数（口服）	63								
备注										

（续表）

项目 Ⅱ 综合技能训练

实训一 猪传染性呼吸道疾病鉴别诊断

一、实训目标

通过流行病学调查、临床症状观察、尸体剖检以及实验室的病原学检测，掌握引起猪传染性呼吸道疾病的主要病因及其鉴别诊断要点，并根据诊断结果制定出合理的防控方案。

二、实训器材

（一）培养基与试剂

普通琼脂平板，鲜血琼脂平板，牛心汤复合培养基，胰酪胨大豆琼脂（TSA-YE），小牛血清，烟酰胺腺嘌呤二核苷酸（NAD），革兰染色液、香柏油，二甲苯，药敏试纸等。

（二）设备与器材

高压灭菌器，超净工作台，恒温培养箱，CO_2 培养箱，倒置显微镜，离心机，PCR 仪，凝胶成像系统，电泳仪，微量移液器，剪刀，镊子，研磨器，酒精灯，接种环，注射器，平皿，试管，离心管，载玻片，显微镜等。

（三）其他

实验动物，鸡胚，细胞等。

三、技术路线

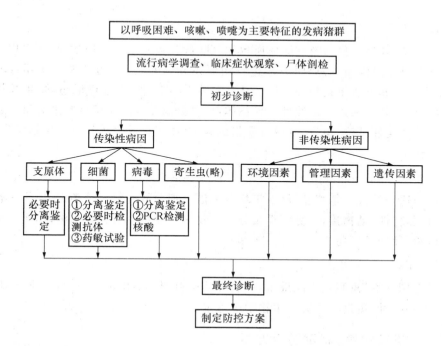

四、实训内容

（一）流行病学调查

对发病猪群进行流行病学调查，参见第二部分项目Ⅰ实训七。

（二）临床症状观察

通过视检、触检、嗅检、直肠温度测定等方法，对整个发病猪群进行检查，了解和掌握病猪的主要临床症状。

（三）尸体剖检

从发病猪群中至少选择 3 头具有代表性的病猪进行剖检，发病早期的未加治疗的病猪最为理想，一方面观察全身各组织器官的外表和剖面，另一方面进行样本采集，以供实验室的病原检测。

（四）实验室检测

1. 支原体

在临床实践中，猪肺炎支原体所致的气喘病一般依据流行病学、临床表现和病理剖检即可作出诊断，必要时方才进行病原体分离鉴定，即选择牛心汤复合培养基，用人工培养方法将猪肺炎支原体从病料中分离出来，再进行形态学、生长抑制试验（在培养基中加入一定浓度特异抗体，接种分离物通过菌落计数来观察其生长抑制）、动物接种试验、免疫学（微粒凝集试验、补体结合反应等）、分子生物学（PCR等）鉴定。

2. 细菌

选择适当的人工培养基，用人工培养方法将细菌从病料中分离出来，再进行形态学、培养特性、动物接种、免疫学及分子生物学等鉴定。若分离出细菌，则应进行药敏试验，筛选敏感药物。

3. 病毒

可选用动物、禽胚或组织细胞，将病毒从病料中分离出来，再进行形态学、理化特性、动物接种、免疫学及分子生物学等鉴定。

（五）最终诊断，制定防控方案

综合上述检测结果，进行最终诊断。再依据诊断结果，制定出合理的防控方案。常见猪传染性呼吸道疾病的鉴别诊断要点见表 2-8。

（六）防控方案实施与跟踪回访

将制定的防控方案在发生疾病的猪场中实施，且跟踪回访，了解和掌握防控实效，并依此调整和完善防控方案。

表 2-8　常见猪传染性呼吸道疾病的鉴别诊断要点

病原类型	病原名称	病名	流行特点	主要临床症状	特征性病理变化
支原体	猪肺炎支原体（MPS）	喘气病	大小猪均可发病，发病率高，死亡率低，病程长，可反复发作，与饲养管理、气候条件有关	体温不高，咳、喘、呼吸高度困难、痉挛性咳嗽，早、晚、运动、食后及变天时更明显，腹式呼吸，有喘鸣音	肺气肿、水肿，有肉变、胰变（虾肉变），呈紫红、灰白、灰黄色

续表 2-8

病原类型	病原名称	病名	流行特点	主要临床症状	特征性病理变化
细菌	放线杆菌（APP）	胸膜肺炎	6 周龄至 6 月龄猪多发，以 3 月龄最易感，初次发病群发，死亡率高，与饲养管理、环境等有关，急性者病程短，地方性流行	体温升高，高度呼吸困难，犬坐姿势，张口、伸舌、口、鼻有带血色泡沫黏液，耳、口、鼻皮肤发绀	出血性、坏死性、纤维素性胸膜肺炎；心包炎，胸水，腹水淡黄或暗红色；肺紫色或灰黑色，与胸膜粘连
	支气管败血波氏杆菌（BB）、产毒素多杀性巴氏杆菌（T⁺PM）	萎缩性鼻炎	1 周龄内仔猪发病死亡率高，断奶前感染易发生鼻炎，断奶后感染多为隐性，传播慢，流行期长，可垂直传播	1 周龄发病为肺炎，急性死亡；断奶前感染者表现咳嗽、喷嚏，鼻炎，面部变形，面部皮皱变深，流泪，流鼻涕、鼻血，常无体温反应	鼻甲骨、鼻中隔萎缩、变形，严重者消失
	巴氏杆菌（PM）	猪肺疫	架子猪（体重 27～45 kg）多见，与季节、气候、饲养条件、卫生环境等有关；发病急、病程短、死亡率高	体温升高，剧咳，流鼻涕，触诊有痛感；呼吸困难，张口吐舌，犬坐、黏膜发绀，先便秘后腹泻；皮肤瘀血、出血；心衰，窒息而死	咽、喉、颈部皮下水肿，纤维素性胸膜肺炎；肺水肿、气肿、肝变，切面呈大理石状条纹，胸腔、心包积液
	链球菌（SS）	链球菌病	各种年龄均易感，与饲养管理、卫生条件等有关；发病急，感染率高，流行期长	体温 41～42℃，咳、喘，有关节炎，淋巴结肿胀，脑膜炎；耳端、腹下及四肢皮肤发绀，有出血点	内脏器官出血，脾肿大，关节发炎，淋巴结化脓
	副猪嗜血杆菌（HPS）	副猪嗜血杆菌病	只感染猪，从 2 周龄到 4 月龄的猪均易感，通常见于 5～8 周龄的猪，病死率可达 50%	发热、食欲不振、厌食、反应迟钝、呼吸困难、咳嗽、疼痛（尖叫）、关节肿胀、跛行、颤抖、共济失调、可视黏膜发绀、侧卧、消瘦、被毛凌乱，随之可能死亡	单个或多个浆膜面可见浆液性和化脓性纤维蛋白渗出物，包括腹膜、心包膜和胸膜，损伤也可能涉及脑和关节表面

续表 2-8

病原类型	病原名称	病名	流行特点	主要临床症状	特征性病理变化
病毒	流感病毒（SIV）	猪流感	多种动物易感，发病率高、传播快、流行广、病程短、死亡率低	体温升高，咳、喘、呼吸困难，流鼻涕、流泪，结膜潮红	常无死亡和肉眼病理变化
	猪繁殖与呼吸综合征病毒（PRRSV）	蓝耳病	孕猪和乳猪易感，新疫区发病率高，仔猪死亡率高，垂直传播	乳猪发热，呼吸困难，咳嗽，共济失调，急性死亡，母猪皮肤发绀，发生流产、产死胎、木乃伊胎	仔猪淋巴结肿大、出血，脾肿大，肺瘀血、水肿、肉变
	伪狂犬病病毒（PRV）	伪狂犬病	多种动物易感，孕猪和新生猪为最，感染率高，发病严重，仔猪死亡率高，垂直传播，流行期长	体温 40～42℃，呼吸困难，腹式呼吸，咳嗽、流鼻涕、腹泻、呕吐；有中枢神经系统症状，共济失调，很快死亡；孕猪发生流产，产死胎、木乃伊胎	呼吸道及扁桃体出血、水肿，肺水肿、出血性肠炎，胃底部出血，肾针尖状出血，脑膜充血、出血
	猪圆环病毒 2 型（PCV2）	猪圆环病毒病	主要危害 6～14 周龄的猪，发病率 2%～30%，病死率 4%～10%	呈现呼吸道病综合征，咳嗽、流鼻汁、呼吸加快、精神沉郁、食欲不振、生长缓慢	多灶性黏液脓性支气管炎，淋巴结肿大，肝硬化，肺衰竭或萎缩
	猪瘟病毒（CSFV）	猪瘟	各种年龄均易感，成年猪（体重 100 kg 左右）多见	咳嗽、喷嚏，呼吸困难，发热，厌食、呕吐，初期便秘后期腹泻，可能震颤、运动失调和抽搐	淋巴结肿大，有出血斑点，膀胱和肾有出血点或斑，肝、脾肿大，脾梗死
	猪巨细胞病毒（PCMV）	猪巨细胞病毒感染	仅感染猪，常发生于 1～3 周龄仔猪，死亡率可达 25%。可垂直传播，地方性流行	2 周龄以内发热、喷嚏、咳嗽、流泪，鼻腔分泌物增多，导致吮乳困难、体重减轻。3 周龄以上的猪症状不明显	鼻黏膜有小坏死灶，肺水肿

续表 2-8

病原类型	病原名称	病名	流行特点	主要临床症状	特征性病理变化
病毒＋细菌	原发病原（PRRSV、PRV、SIV、PCV2、MPS APP、T⁺PM 等）继发病原（SS、HPS、PM、沙门菌等）	呼吸道疾病综合征	6～10 周龄保育猪、13～20 周龄育肥猪多发，新疫区暴发性流行，急性经过，仔猪死亡率高	体温升高，咳嗽、喘，呼吸困难，在清晨和夜间明显	肺炎，不同程度混合感染时，呈现肺浆膜与胸膜或心包发生纤维素性粘连，淋巴结肿大，肺出血、有化脓灶

（李郁）

实训二　猪传染性消化道疾病鉴别诊断

一、实训目标

通过流行病学调查、临床症状观察、尸体剖检以及实验室的病原学检测，掌握引起猪常见传染性消化道疾病的主要病因及其鉴别诊断要点，并根据诊断结果制定出合理的防控方案。

二、实训器材

（一）培养基与试剂

普通琼脂平板，鲜血琼脂平板，革兰染色液，香柏油，二甲苯，药敏试纸等。

（二）设备与器材

高压灭菌器，超净工作台，恒温培养箱，CO_2 培养箱，倒置显微镜，离心机，PCR 仪，凝胶成像系统，电泳仪，微量移液器，剪刀，镊子，研磨器，酒精灯，接种环，注射器，平皿，试管，离心管，载玻片，显微镜等。

(三)其他

实验动物,鸡胚,细胞等。

三、技术路线

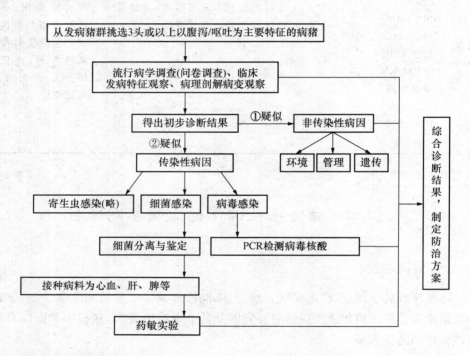

四、实训内容

(一)流行病学调查

对发病猪群进行流行病学调查,参见第二部分项目Ⅰ实训七。

(二)临床症状观察

通过视检、触检、嗅检、直肠温度测定等方法,对整个发病猪群进行检查,了解和掌握病猪的主要临床症状。着重观察腹泻物的形状、颜色等。

(三)尸体剖检

从发病猪群中至少选择3头具有代表性的病猪进行剖检,发病早期的未加治疗的病猪最为理想,一方面观察全身各组织器官的外表和剖面,着重观察消化道及肠系膜淋巴结病变情况;另一方面进行样本采集,以供实验室的病原检测。

(四)实验室检测

1. 细菌

选择适当的人工培养基,用人工培养方法从心血、肝、脾进行无菌分离。若分离出细菌,再进行形态学、培养特性、动物接种、免疫学及分子生物学等鉴定和药敏试验,筛选敏感药物。

2. 病毒

可选用动物、禽胚或组织细胞,将病毒从病料中分离出来,再进行形态学、理化特性、动物接种、免疫学及分子生物学等鉴定。

(五)最终诊断,制定防控方案

综合上述检测结果,进行最终诊断。再依据诊断结果,制定出合理的防控方案。常见猪传染性消化道疾病的鉴别诊断要点见表2-9。

(六)防控方案实施与跟踪回访

将制定的防控方案在发生疾病的猪场中实施,且跟踪回访,了解和掌握防控实效,并依此调整和完善防控方案。

表 2-9　常见猪传染性消化道疾病的鉴别诊断要点

病原类型	病原名称	病名	流行特点	主要临床症状	特征性病理变化
细菌	致病性大肠杆菌	仔猪黄痢	发病日龄一般为1～7日龄,新生仔猪24 h内最易感,潜伏期8～24 h,1～2 d内同窝仔猪几乎全部发病	最初为突然腹泻,粪便稀薄如水,糊状,混有小气泡并带腥臭味,随后腹泻愈加严重,数分钟排一次,病猪口渴、脱水、昏迷死亡	严重脱水,十二指肠黏膜充血、出血,肠内容物黄色或黄红色,空肠、回肠明显积气,肠腔内充满水样内容物,尾端和后躯常沾有污粪。肠系膜淋巴结充血、肿大,切面多汁,心、肝、肾变性,有小出血点

续表 2-9

病原类型	病原名称	病名	流行特点	主要临床症状	特征性病理变化
细菌	致病性大肠杆菌	仔猪白痢	多发生于 10～30 日龄仔猪,各窝与同窝发病先后均不一致。发病与环境、温度、母乳、饲养管理条件密切相关	突然腹泻,排出乳白、灰白、淡黄或黄绿色稀粪,随后腹泻次数增多,粪便腥臭而稀薄,病猪畏寒,脱水,吃奶次数减少或不吃。有时见吐奶,除少数日龄小或发病严重的仔猪因昏迷、虚脱死亡外,一般病情较轻的易自愈,但易形成僵猪	消瘦、脱水、小肠扩张充气,内含黄白色酸臭稀粪,肠黏膜充血,肠壁菲薄呈半透明状,胆囊肿大,肠系膜淋巴结轻度肿大
	致病性大肠杆菌	仔猪水肿病	主要发生于断奶后 1～2 周的仔猪,尤以一窝中生长快、体格健壮的肥胖仔猪多发。阴雨天、气候突变、饲料突然转变、营养单一而缺乏矿物质和维生素等为诱因	病猪突然发病,精神沉郁,食欲减退或不食,步态不稳,盲目行走或圈走,共济失调,口吐白沫,叫声嘶哑,进而倒地抽搐,四肢乱划作游泳状,逐渐发生后躯麻痹,卧地不起,在昏迷中死亡。体温在初期升高至 40～40.5℃,后很快降至常温或偏低,眼睑或结膜水肿。病程数小时或 1～2 d	可见全身多处水肿,特别是胃壁黏膜水肿是本病的特征(多见于胃大弯和贲门部)。在胃肌和黏膜层之间,切面流出无色或混有血液而呈茶色的渗出物,或呈胶冻状。大肠肠系膜水肿,结肠肠系膜胶冻状水肿。全身淋巴结水肿。心包、胸腔和腹腔积液,并易凝固

续表 2-9

病原类型	病原名称	病名	流行特点	主要临床症状	特征性病理变化
细菌	沙门菌	仔猪副伤寒	1～4月龄猪易感，阴湿多雨季节、栏内潮湿不卫生，饲养管理不当、运输等应激因素或猪抵抗力下降时易发。健康猪常带菌	急性型呈败血症，来势迅猛（多见于断奶后仔猪），体温40.5～42℃。精神不振、呼吸困难，先便秘后腹泻，粪便呈黄色水样、带血，有腹痛现象。耳、胸及腹下有紫斑。亚急性和慢性型长期排灰白或黄绿色恶臭样水样物，混有大量坏死组织碎片或纤维状分泌物及血液，多数猪继发肺炎，病程可达数周，终至死亡或成僵猪	急性脾肿大，色暗蓝，绵软；肝有灰白色结节性坏死灶；大肠黏膜充血、出血，胃淋巴结出血，肠系膜淋巴结肿大。亚急性和慢性的尸体消瘦，大肠黏膜增厚，有浅平溃疡和坏死灶，盲肠、结肠和回肠壁增厚，肠管膨大，黏膜上附着灰白色或暗褐色假膜，呈糠麸状
病毒	冠状病毒	猪传染性胃肠炎	本病多发于11月份至次年3月份寒冷季节，传播迅速，各种年龄的猪均易感。数日内蔓延全群	潜伏期短，12～48 h，传播快，数日内蔓延全群，呕吐、水样腹泻呈喷射状，粪便淡蓝、绿色和灰白色，腥臭，仔猪死亡率高，一般猪3～7 d康复	胃内充满凝乳块，胃底黏膜充血，肠管扩张，呈透明状，肠壁变薄，肠内含有未消化的小凝乳块和气体，肠绒毛缩短，后期出现肠炎症状
	冠状病毒	猪流行性腹泻	易发于冬、春季，各种年龄的猪均易感，小猪发病率高，1周龄乳猪死亡率高，经消化道感染	类似传染性胃肠炎，主要症状为呕吐和水样腹泻，仔猪常因脱水死亡，成年猪感染症状轻微	病变仅限于小肠，肠管胀满、扩张，含有大量黄色液体，肠壁变薄，肠系膜充血，肠系膜淋巴结水肿

续表 2-9

病原类型	病原名称	病名	流行特点	主要临床症状	特征性病理变化
病毒	轮状病毒	轮状病毒感染	初生仔猪感染率高，发病严重。10～20日龄仔猪症状轻，当环境温度下降和继发大肠杆菌病时常使症状加重和死亡率增高。大猪多隐性感染。多发生在晚秋、冬季和早春季节	病猪精神不振，食欲减少，不愿走动，仔猪吃奶后迅速发生呕吐及腹泻，粪便呈水样或糊状，黄白色或暗黑色。脱水明显	病变主要在消化道，胃内有凝乳块，肠管变薄，内容物为液状，呈灰黄色或灰黑色，小肠绒毛缩短
螺旋体	猪痢疾密螺旋体	猪痢疾（血痢）	经消化道传播，各种猪均易感，但以7～12周龄猪易发，饲料、管理、环境、用具等因素可促进传播流行	病猪先排黄至灰褐色稀粪，或水泻带有黏液、血液。重者排出带红色黏液、血块及脓性分泌物，或胶冻状，后黑色；病猪弓背、卷腹、口渴、脱水、衰竭死亡	局限于大肠、回肠处，大肠黏膜肿胀、严重出血，并覆盖着有胶冻状黏液和带血块的纤维素，大肠内容物软至稀薄并混有黏液、血液和组织碎片

（孙裴）

实训三　猪群免疫效果评价

一、实训目标

以猪瘟免疫效果评价为例，对猪瘟二免或以上猪群的抗体水平使用 ELISA 方法进行检测与评价，掌握猪瘟免疫效果的评价方法。

二、实训器材

一次性注射器（规格为 10 mL、20 mL）、酶标仪、离心机、各种规格的移液器（10 μL、100 μL、1 000 μL）、美国 IDEXX 猪瘟抗体 ELISA 检测试剂盒。

三、技术路线

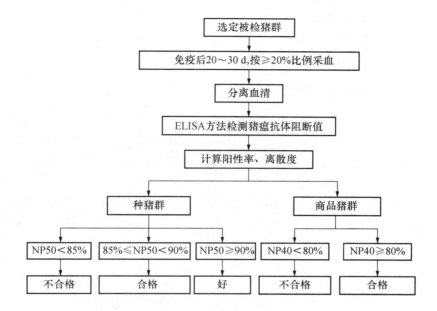

四、实训内容

(一)抽样

选定一个猪群,按大于等于群体总数 20% 的比例抽样,但每个群体至少需采集 20 份血样。

(二)采血

在猪瘟疫苗免疫后 20~30 d,自前腔静脉采血,采血量大于等于 3 mL,无菌分离血清,—20℃保存待用。

(三)抗体检测

用 IDEXX 猪瘟抗体 ELISA 检测试剂盒,按照说明书的操作方法,测定得到猪瘟抗体阻断值。

(四)计算阳性率和整齐度值

(1)阳性值:阻断率≥40%。

(2)阳性率(以 NP40 表示)=阳性值的数量/被检样的数量。

(3)整齐度值=标准差/平均值×100

(五)判定方法与免疫效果评价

(1)当被检猪群是种猪群时,计算阻断率大于等于 50% 的阳性数,以 NP50 表示,当 NP50<85% 时,免疫不合格;85%≤NP50<90%,免疫合格;NP50≥90%,免疫效果好。当被检猪群是商品猪群时,NP40<80%,免疫不合格;NP40≥80%,免疫合格。

(2)整齐度的比较。当同一阶段的不同猪群有相似的阳性率时,进一步通过比较整齐度来判定具有更好免疫效果的猪群。整齐度值越小,说明整齐度越高,免疫效果越好。

(孙裴)

实训四　鸡病毒性肿瘤病鉴别诊断

一、实训目标

了解马立克病、禽白血病和网状内皮增生症等鸡常见肿瘤性疾病的病原、发病特点、临床症状、剖检病变等,掌握这几类常见肿瘤性疾病的鉴别诊断方法。

二、实训器材

(一)试剂

PCR、RT-PCR 等分子生物学检测试剂或血清学检测相关试剂。

(二)设备与器材

PCR 仪,电泳系统,凝胶成像系统以及恒温培养箱,高压灭菌器,解剖刀,手术剪,镊子等。

三、技术路线

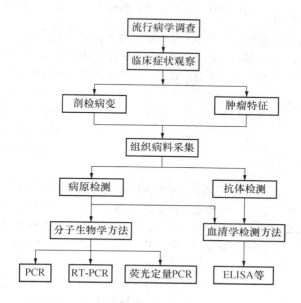

四、实训内容

对马立克病、禽白血病和网状内皮增生症主要从流行特点、主要临床症状特征性病理变化等方面进行鉴别诊断,见表 2-10。

表 2-10 常见鸡病毒性肿瘤病的鉴别诊断要点

病名	病原名称	流行特点	主要临床症状	特征性病理变化
马立克病(MD)	马立克病病毒	一般发生于1月龄以上,2～4月龄出现症状,70日龄后陆续出现死亡,90日龄以后达到高峰	病鸡典型临床症状为肢体的非对称进行性不全麻痹,常见劈叉姿势,跛行或瘫痪。有些病鸡一侧或两侧虹膜受损,瞳孔呈同心环状或斑点状,以至弥漫性灰白色	主要病变在外周神经,坐骨神经出现肿胀、灰白色或黄白色,常为单侧性,可比较两侧神经,有助于诊断。肿瘤特征:主要在卵巢、肾等各种脏器出现肿瘤,有别于其他两种疾病:除肝肿瘤外,神经肿瘤、皮肤肿瘤较常见,主要为结节性病灶,质地坚硬而致密。法氏囊通常萎缩

续表2-10

病名	病原名称	流行特点	主要临床症状	特征性病理变化
网状内皮组织增生症（RE）	网状内皮组织增生症病毒	刚孵出的雏鸡易感，主要发病于2～6月龄，多在80日龄左右	急性型临床症状不明显，病鸡表现昏睡。慢性型表现出生长不良，矮小，肢体麻痹	病鸡可见肝、脾肿大。肿瘤特征：多种组织器官出现肿瘤，除肝肿瘤外，神经肿瘤常见，较少出现皮肤肿瘤和法氏囊肿瘤，肿瘤结节大小不一，并出现大量淋巴网状细胞，腺胃肿胀出血。常见胸腺、法氏囊萎缩
禽白血病（AL）	禽白血病/肉瘤病毒	主要发生于3～6月龄的鸡，以性成熟发病率最高	多数感染鸡无特征性临床症状，慢性消瘦，头部苍白，衰弱。常发生下痢，产蛋停止；后期腹部膨大，用手按压时，可以触到肿大的肝，最后极度虚弱而死。发生血液型白血病可见鸡冠肉髯苍白或浅白色，病死率较高	常可见实质器官肿大，出血，尤其是肝深紫色、肿大，可充满整个腹腔，通常称为大肝病。肿瘤特征：常见于肝、脾等脏器，不出现神经肿瘤，皮肤肿瘤少见，法氏囊肿瘤常见，肿瘤大小不一，呈结节状、粟粒状或弥漫性，肿瘤切面多为灰白色，轮廓较清晰。法氏囊萎缩少见

（一）流行病学调查

对发病鸡群进行流行病学调查。

（二）临床症状观察

通过视检、触检等方法，对出现明显症状的病鸡进行检查，了解和掌握主要临床症状。

（三）剖检

选取症状典型的病鸡进行剖检，仔细观察病理变化，注意肿瘤特点，对肿瘤组织进行切片、染色和观察，样本采集，以供实验室的病原检测。

（四）实验室检测

根据采集的病变组织通过实验室 PCR、RT-PCR 或荧光定量 PCR 等方法进行样品处理和病原检测。

1. 病料采集和病原检测

（1）马立克病　采集肿瘤、卵巢等病料并处理，提取组织中病毒 DNA 作为模板，通过特异性引物，以 PCR 方法检测病毒核酸。必要时进行病毒分离，常用鸭胚成纤维细胞（DEF）或鸡胚成纤维细胞（CEF）细胞培养。

（2）网状内皮组织增生症　采集病鸡的脾、肿瘤、全血等组织，接种易感的组织培养物，盲传两代后，通过免疫荧光试验检测病毒抗原。也可通过设计特异性引物，以 PCR 或 RT-PCR 方法检测前病毒 DNA 或病毒 RNA。

（3）禽白血病　采集病鸡的肿瘤、血浆、粪便等，可接种鸡成纤维细胞，分离病毒，该方法很少采用。主要通过特异性引物，以 PCR 或 RT-PCR 方法检测前病毒 DNA 或病毒 RNA。

2. 抗体检测

可采用 ELISA 方法检测血清中病毒特异性抗体。

（1）马立克病　琼脂扩散试验和间接 ELISA 方法常用于血清中特异性抗体的检测。

（2）网状内皮组织增生症　可通过 ELISA、免疫荧光试验等检测特异性抗体。

（3）禽白血病　可进行病毒分离和血清学检测。一般检测抗体对本病的诊断意义不大。但可为净化该病提供参考。

（刘雪兰）

实训五　鸡传染性呼吸道疾病鉴别诊断

一、实训目标

熟悉新城疫、禽流感、传染性支气管炎、传染性喉气管炎、传染性鼻炎、慢性呼吸道病的临诊诊断要点，掌握这些疾病的鉴别诊断以及常规的实验室诊断。

二、实训器材

(一)培养基与试剂

血琼脂平板,改良的 Frey 氏培养基,1%的鸡红细胞悬液,0.9%的生理盐水,PBS 等。

(二)设备与器材

PCR 仪,研磨器,96 孔板,微量移液器,解剖盘,剪刀,镊子,酒精灯,一次性注射器(1 mL),接种环,酒精棉球,棉拭子等。

(三)其他

9~11 日龄 SPF 鸡胚。

三、技术路线

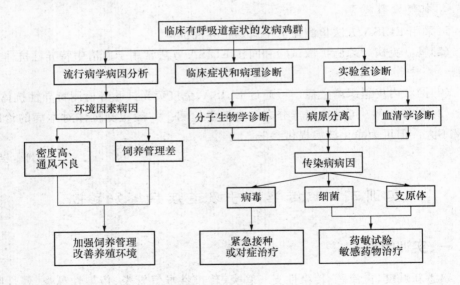

四、实训内容

(一)流行病学调查

对病鸡、鸡群的发病情况、免疫情况、发病率、死亡率、养殖模式等流行病学资料进行分析,初步确定是传染病因素或非传染性因素等。

（二）临床症状观察

根据鸡群的临床症状,呼吸方式(如腹式呼吸、伸颈呼吸),是否伴有咳嗽、喷嚏、喘气、甩鼻等。鸡传染性呼吸道疾病可发生于各种年龄的鸡,可经呼吸道传播,传染源是病鸡和带毒(菌)鸡。

（三）病理解剖

针对症状较为典型或发病死亡的鸡,进行解剖。重点检查呼吸系统的病理变化,从喉头、气管、支气管到肺,观察引起呼吸症状的病变部位。喉头和气管病变通常有出血、分泌物增多、干酪样渗出等,传染性喉气管炎还会表现有血丝。肺的病变通常有出血、瘀血等病变,根据肺病变的严重程度可以判定病程。此外,除呼吸道病病变外,对发病严重、全身感染的病死鸡的腺胃、肌胃、肝、脾、肾等组织也要观察病变。同时采集病变组织进行实验室病原检测,或病原分离。

（四）实验室检测

1. 疑似细菌病

对疑似细菌性感染的病鸡,解剖时进行致病菌的分离与鉴定,主要步骤:从解剖病鸡的肝、脾、心包等分离细菌,对于传染性鼻炎需要从病鸡眼眶、鼻窦的分泌物分离。通过无菌操作,接种到血平板或辅酶平板,待长出菌落后,进一步纯化、染色镜检和进行生化试验,初步确诊。由细菌(支原体)引起的鸡传染性呼吸道疾病有传染性鼻炎、慢性呼吸道病等。

2. 疑似病毒病

对疑似病毒性感染的病鸡,取气管、肺、肝、脾等病料进行特异性 PCR 检测,如新城疫、禽流感、传染性支气管炎、传染性喉气管炎等;同时无菌采集病料做病毒的分离鉴定,禽类病毒通常选择 9～11 日龄鸡胚进行接种培养,针对鸡胚出现的病变,进一步做血清学、分子生物学检测,初步确诊。

（五）确诊并制定防控方案

根据流行病学、临床症状和病理解剖情况,作出初步诊断。结合实验室病原检测结果进行确诊。依据诊断结果,结合呼吸道传染病的特点,制定出针对性的控制方案。针对细菌性传染病(支原体),对分离株进行药敏试验,选择敏感药物治疗。

确诊为病毒性呼吸道传染病,应根据疫病特点,采取的措施有隔离对症治疗、紧急免疫接种、病死鸡无害化处理和扑杀等。鸡场常见鸡传染性呼吸道疾病的鉴别诊断要点见表 2-11。

表 2-11　鸡传染性呼吸道疾病的鉴别诊断

病原类型	病原名称	病名	流行特点	主要临床症状	特征性病理变化
支原体	鸡毒支原体（MG）	鸡慢性呼吸道病	各种日龄的禽类均可感染,雏鸡易感,可经蛋传播,寒冷季节多发	流浆液性或黏液性鼻液,摇头、喷嚏、咳嗽,呼吸道有啰音。鼻腔和眶下窦中蓄积渗出物可引起眼睑肿胀,蓄积物突出眼球外似"金鱼眼",导致失明	鼻道、气管、支气管和气囊有混浊黏稠或干酪样的渗出物,呼吸道黏膜水肿、充血、增厚,伴有肺炎
细菌	副鸡嗜血杆菌（HPG）	传染性鼻炎	中、老年鸡感染较严重,潜伏期短,发病迅速,短时间内能波及全群,死亡率低	减食、产蛋下降,呼吸困难、咳嗽,张口呼吸、啰音、摇头、眼眶周围组织肿胀,眼内及鼻窦内有干酪样物质,头部肿大	鼻腔和窦黏膜发生急性卡他性炎症,黏膜充血肿胀,表面富有大量黏液,窦内有渗出物凝块,后成为干酪样坏死物。有气囊炎,肺炎;卵泡变性、坏死或萎缩
病毒	A 型流感病毒	禽流感	不同品种和日龄的禽类均可感染,高致病性禽流感发病急、传播快,致死率可达 100%	高致病性禽流感常无明显临床症状而死亡。病程较长的病禽体温升高,精神沉郁,食欲废绝,呆立,闭目,对刺激无反应,冠髯发绀,脚鳞出血,结膜发炎,面部肿胀,眼、鼻流出浆液性、黏液性或脓性分泌物,排灰白色或黄绿色稀便。低致病性禽流感表现为不同程度的呼吸道、消化道症状,以产蛋量下降或隐性感染为主	皮下、浆膜、黏膜及各组织器官广泛出血;输卵管有黏液或干酪样物或成熟卵子;肠道坏死,盲肠扁桃体和胰出血、坏死;头部水肿;肾肿大;法氏囊肿大,有黏液。低致病性禽流感呼吸道及生殖道有黏液或干酪样物,输卵管柔软易碎,有成熟卵子堆积

续表 2-11

病原类型	病原名称	病名	流行特点	主要临床症状	特征性病理变化
病毒	新城疫病毒（NDV）	新城疫	各种鸡均易感，发病急，传播快，死亡率极高。该病一年四季均可发生，但以春、秋季较多	精神沉郁，呼吸困难；嗉囊积液，有波动感，倒提病鸡有大量酸臭液体从口中流出。下痢，粪便稀薄，呈黄绿色或黄白色；神经症状明显	食道和腺胃及腺胃和肌胃交界处可见出血带或出血斑，腺胃乳头出血；肠黏膜枣核样溃疡，盲肠扁桃体出血、坏死
	冠状病毒	传染性支气管炎	5周龄内的鸡症状较明显，死亡率可到 15%～19%。发病以冬季最为严重	减食、垂翅、嗜睡、伸颈、张口呼吸、喷嚏、咳嗽，气管有啰音，鼻窦及眶下窦肿胀，消瘦，发育不良	气管和支气管有黏条状或干酪样渗出物，鼻腔及上部气管有浆液或黏性渗出物，气囊混浊，支气管周围可见局灶性肺炎
	疱疹病毒	传染性喉气管炎	成年鸡易感，传播快，感染率高，致死率较低	呼吸困难、喘息、流泪、结膜炎；鼻腔有分泌物，发出湿啰音，咳出带血黏液，张口呼吸；蹲伏伸颈、鸡冠发紫，排稀便，窒息而死，产蛋下降或停止	喉头和气管黏膜充血和出血，喉部黏膜肿胀，覆盖黏液性分泌物，有时呈干酪样假膜。炎症可扩散到支气管、肺、气囊、眶下窦。较缓和的病例仅见结膜和眶下窦内上皮的水肿和充血

（六）防控方案实施与跟踪回访

将上述制定的防控技术方案经在鸡场中实施，了解和掌握防控实效，并根据疫病发展情况及时进行调整方案。及时与饲养员沟通，跟踪回访。

（王桂军）

实训六　水禽常见传染病诊断

一、实训目标

熟悉禽流感、鸭瘟、鸭病毒性肝炎、鸭坦布苏病毒病、小鹅瘟、鸭传染性浆膜炎等常见水禽传染病的临诊诊断要点,掌握这些疾病常规的实验室诊断技术。

二、实训器材

(一)培养基与试剂

TSA 培养基,巧克力平板,普通琼脂平板,鲜血琼脂平板,牛心汤复合培养基,酒精棉球,革兰染色液,瑞氏染液等,香柏油,二甲苯,药敏试纸等。

(二)设备与器材

显微镜,PCR 仪,高压灭菌器,超净工作台,恒温培养箱,倒置显微镜,离心机,凝胶成像系统,解剖盘,剪刀,镊子,酒精灯,研磨器,载玻片,离心管,一次性注射器(1 mL),接种环,微量移液器等。

(三)其他

9 日龄 SPF 鸡胚,9~14 日龄鸭胚,实验动物等。

三、技术路线

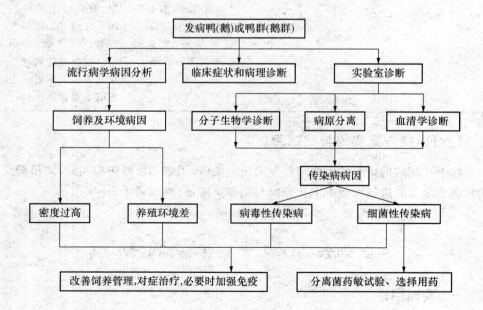

四、实训内容

(一)流行病学调查

通过对发病鸭群、鹅群的养殖模式、规模大小、饲养管理等进行问诊或调查,依据发病率、死亡率、免疫状况、发病史以及使用药物等排除可能的非传染性疾病,初步确定为传染性疾病。另外需要注意,在疾病流行期间,是否鸭、鹅、鸡等同时发病,了解疾病感染的宿主群。

(二)临床症状观察

根据发病鸭或鹅的临床症状,如腹泻、呼吸困难、神经症状(扭头、转圈、瘫痪等),初步确定该起传染病的临床表现。

(三)病理解剖

针对症状较为典型或发病死亡的水禽,进行解剖。检查呼吸系统(喉头、气管、肺)、消化系统(腺胃、肌胃、十二指肠、直肠、泄殖腔等)、肝、脾、肾等。初步怀疑细菌性传染病(传染性浆膜炎、大肠杆菌病等)的水禽,观察是否出现肝周炎、心包炎、腹膜炎等。初步怀疑病毒性传染病的,注意观察实质器官是否有出血、瘀血、坏死、结节、水肿等。对发病严重、全身感染的病死水禽的肝、脾、肾等组织在进行观察病变的同时,无菌采集病变组织进行实验室病原检测,或病原分离。

(四)实验室检测

1. 疑似细菌病

对疑似细菌性感染的发病水禽,解剖时进行致病菌的分离与鉴定,主要步骤:从脑、肝、脾、心包、气囊等分离细菌,通过无菌操作,接种到血平板或辅酶平板,待长出菌落后,进一步纯化,染色镜检和进行生化试验,初步确诊。

2. 疑似病毒病

对疑似病毒性感染的发病水禽,快速诊断可以取气管、肺、肝、脾等病料进行特异性 PCR 检测,如禽流感、副黏病毒病、小鹅瘟、鸭瘟、病毒性肝炎等;同时无菌采集病料做病毒的分离鉴定,选择 9～11 日龄 SPF 鸡胚或 10～13 日龄鸭胚进行培养,针对鸡胚出现的病变,进一步做血清学、分子生物学检测,初步确诊。

(五)确诊并制定防控方案

根据流行病学、临床症状和病理解剖,作出初步诊断。结合实验室病原检测结果进行确诊。依据诊断结果,结合水禽各传染病的发病特点,制定出针对性的控制方案。针对细菌性传染病,对分离株进行药敏试验,选择敏感药物治疗。对疫区分离的耐药菌株、复发率高的病例,应考虑制备自家苗进行免疫控制。确诊病毒性传染病(鸭瘟、禽流感、病毒性肝炎、小鹅瘟、坦布苏病毒病等),应根据疫病特点、发病严重程度、发病日龄等,采取紧急高免血清治疗(小鹅瘟、鸭病毒性肝炎等)、紧急免疫接种(禽流感、鸭瘟、鸭坦布苏病毒病等),同时对发病禽群采取隔离对症治疗、病死禽无害化处理和扑杀等,控制疫情。水禽常见传染病的鉴别诊断要点见表 2-12。

表 2-12 水禽常见传染病的鉴别诊断

病原类型	病原名称	病名	流行特点	主要临床症状	特征性病理变化
	鸭疫里默氏杆菌(RA)	鸭传染性浆膜炎	主要感染鸭,感可达90%以上,死亡率5%~80%	消瘦,精神沉郁,食欲下降;共,痉挛性点头或摇头摆尾,前仰后翻,呈仰卧姿态,有的可见头颈歪斜,转圈后退行走;呼吸困难,衰竭死亡	浆膜面、心包膜有纤维性渗出物,肝表面有纤维素性膜;气囊混浊增厚,气囊壁上有纤维素性渗出物;脾肿大;脑膜及血管扩张、瘀血;胫跗关节及跗关节肿胀;少数输卵管内有干酪样渗出物
细菌	致病性大肠杆菌	大肠杆菌病	卫生条件差,地面潮湿,舍内通风不良,饲养密度过高易诱发本病。初生雏鸭的感染是由于蛋被传染。各种年龄的鸭均可感染	雏鸭发病后,体质较弱,闭眼缩颈,腹围较大,常有下痢,因败血症死亡。较大的雏鸭发病后,精神萎靡,缩颈嗜睡,两眼和鼻孔处常附黏性分泌物,常因败血症或体质衰竭、脱水死亡。成年病鸭表现喜卧,不愿走动,站立时,可见腹围膨大下垂	以败血症剖检变化为特征。肝、脾肿大。卵巢出血,肺有瘀血或水。全身浆膜呈急性渗出性炎症,心包膜、肝被膜和气囊壁表面附有黄白色纤维素性渗出物。腹膜有渗出性炎症。肠道黏膜呈卡他性或坏死性炎症

续表 2-12

病原类型	病原名称	病名	流行特点	主要临床症状	特征性病理变化
病毒	疱疹病毒	鸭瘟	主要发生于鸭，以春、秋季流行较为严重。鹅发生鸭瘟与鸭发生鸭瘟基本相似	高热稽留；精神委顿；食欲下降，渴欲增加；流泪，眼睑水肿，眼结膜充血；鼻中有分泌物，呼吸困难；泻痢，泄殖腔充血，水肿；黏膜表面覆盖假膜；头部有肿胀，触之波动感，俗称"大头瘟"	急性败血症，消化道黏膜出血和形成假膜或溃疡，淋巴组织和实质器官出血，坏死。食道黏膜和肠黏膜充血、出血，胸腺有出血点和病灶区，法氏囊充血发红；肝有坏死点，胆囊肿大；皮下组织发生炎性水肿
	鸭肝炎病毒（DHV）	鸭病毒性肝炎	4～20日龄雏鸭易感，发病率可达100%	精神萎靡，不食，眼半闭呈昏迷状态；有腹泻；神经症状，死前头呈角弓反张姿势	肝肿大，有出血点和出血斑，胆囊肿大，脾肿大，肾充血、肿胀；部分有心包炎、气囊中有渗出液和纤维素絮片
	鸭坦布苏病毒（TMUV）	鸭坦布苏病毒病	感染所有产蛋鸭，死亡率5%～10%	不爱下水，产蛋下降甚至停止，食欲下降；高热，运动障碍	脾肿大，肝有瘀血，表面有白色点状坏死；卵巢发生出血、萎缩、破裂，输卵管有黏液
	小鹅瘟病（GPV）	小鹅瘟	多发生于冬末春初，具有高度的传染性和死亡率。2周以内的雏鹅多发。1月龄以上的鹅很少发病	下痢，口吐黏液，采食量减少；转脖、抽搐，日龄较大一般没有神经症状	肠道血管怒张，肝肿大，胆囊膨大，肾肿胀；胰腺颜色变暗，心肌颜色变淡；法氏囊质地坚硬，内部有纤维素性渗出物。有神经症状的鹅可见脑膜下血管充血

续表 2-12

病原类型	病原名称	病名	流行特点	主要临床症状	特征性病理变化
病毒	A 型流感病毒（AIV）	禽流感	不同品种和日龄的水禽均可感染，发病急剧，传播快速、发病率、死亡率很高，可达 90% 以上	发病突然，羽毛蓬松，食欲废绝，产蛋停止，呆立，闭目，对刺激无反应；呼吸困难，口流黏液，叫声沙哑；拉黄白、黄绿或绿色稀粪，后期两腿瘫痪。低致病型禽流感临床症状较复杂，表现不同的呼吸道、消化道症状，以产蛋下降为主	皮下、浆膜、黏膜及各组织器官广泛出血；输卵管有黏液或干酪样物或成熟卵子；肠道坏死，盲肠扁桃体和胰出血、坏死；头部水肿；肾肿大；法氏囊肿大，有黏液。低致病性禽流感呼吸道及生殖道有黏液或干酪样物，输卵管柔软易碎，有成熟卵子堆积

（六）防控方案实施与跟踪回访

根据上述诊断结果，为养殖户提供防控技术方案。将制定的防控技术方案在鸭场、鹅场中实施，了解和掌握应用的具体效果，并根据防治效果及时进行调整方案，跟踪回访。

（王桂军）

实训七　猪、禽原虫病诊断

一、实训目标

掌握猪和禽血液原虫病诊断方法；掌握猪和禽肠道原虫病诊断方法。

二、实训器材

（一）试剂

蛋白酶 K，DNA Marker，*Ex Taq* DNA 聚合酶，dNTPs，溴化乙锭（EB），姬姆

萨染液,瑞氏染液,碘,Tris-饱和酚和蔗糖等。

(二)设备与器材

电热恒温培养箱,生物光学显微镜,离心机,粪筛,粗天平,眼科弯头镊,玻璃棒,烧杯(100 mL),离心管,胶头滴管,三角烧瓶(100 mL),胶塞,玻璃珠,虫卵计数板,载玻片,盖玻片,氢氧化钠,擦镜纸,二甲苯等。

三、技术路线

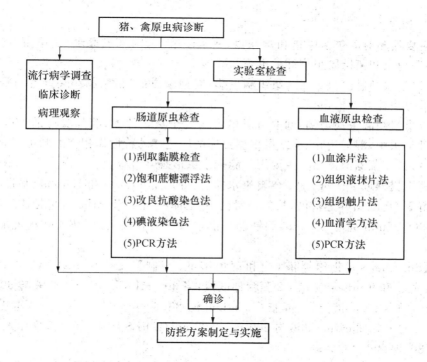

四、实训内容

(一)流行病学调查

根据发病年龄、品种、发病率、死亡率、饲养状态等因素进行调查。

(二)临床症状

主要调查呼吸状态,有无咳、鼻涕等;皮肤颜色、出血等;粪便状态和颜色;尿液色泽等;饮食状态、呕吐等。肠道原虫病主要以腹泻为主要特征,并伴有一定程度上的血便现象;血液原虫主要表现高热、咯血、贫血或可视黏膜有无黄疸等。

(三)病理变化观察

主要检查动物脏器病理改变,包括颜色、质地、充血与出血、有无增生物、胸腹腔和颅腔有无组织渗出液等。

(四)实验室检查

1. 肠道原虫检查

主要检测对象包括仔猪和禽球虫,禽组织滴虫、阿米巴原虫、贾第虫、隐孢子虫、鸽毛滴虫和猪结肠小袋纤毛虫等。

(1)刮取肠黏膜检查 禽组织滴虫病、隐孢子虫病、猪结肠小袋纤毛虫病均可采用该方法检查。

以禽组织滴虫病为例:刮取盲肠内容物置于载玻片上,滴加少许的40℃的温热生理盐水中,混匀后,镜检结果根据虫体的原地摆动特性作相应的判定。

(2)饱和蔗糖漂浮法 主要用于隐孢子虫形态学检查。

每个粪样取2～5 g,加5倍自来水搅匀,分别用60、100和160目铜筛过滤,将滤液静置20 min,弃上清液,按粪便量的10倍体积加入Sheather's蔗糖漂浮液,搅匀,1 000 r/min离心15 min,用铁丝环蘸取漂浮液表层涂片,在400倍镜下观察卵囊。

【Sheather's蔗糖漂浮液(饱和蔗糖溶液)配制】在320 mL蒸馏水中加入500 g蔗糖和9 mL苯酚;1:2蔗糖梯度液:将300 mL Sheather's溶液与600 mL 0.2 mol/L PBS溶液混匀,再加入9 mL吐温-80,保存于4℃冰箱;1:4蔗糖梯度液:将200 mL Sheather's液与600 mL 0.2 mol/L PBS溶液混匀后,再加入9 mL吐温-80,保存于4℃冰箱。

(3)改良抗酸染色法 主要用于隐孢子虫检测。每个粪样取5 g,加5倍自来水搅匀,分别用60目、100目和160目铜筛过滤,将滤液涂片,甲醇固定。滴加改良抗酸染色第一液于经固定的滤液膜上12 min,后水洗;滴加改良抗酸染色第二液,4 min后水洗;滴加改良抗酸染色三液,1 min,水洗。自然干燥后,在400倍镜下检查。

【抗酸染色液配制】

①改良抗酸染色第一液(石炭酸复红染色液):碱性复红4 g,95%酒精208 mL,蒸馏水100 mL,溶解后用滤纸过滤。

②改良抗酸染色第二液(10%硫酸溶液):纯硫酸 10 mL,蒸馏水 90 mL,浓硫酸缓缓加入水中。

③改良抗酸染色第三液:由 2%孔雀绿原液(孔雀绿 2 g,蒸馏水 100 mL 溶解)稀释成 0.2%孔雀绿工作液。

(4)碘液染色法 可用于贾第虫、阿米巴原虫、结肠小袋纤毛虫等检查。

先在载玻片上滴 1～2 滴甘油生理盐水,挑取粪便与之混匀,盖上盖玻片,然后沿盖玻片边缘滴加 1～2 滴碘液,稍倾斜使碘液进入粪液中,待完全渗透后,进行镜检。碘液一般不易使粪便杂质着色,但可使阿米巴原虫和贾第虫着色,通常会发现阿米巴原虫滋养体外形多变,但内含数个不等的拟核,且核明显。贾第虫的滋养体内外形呈切成一半梨形,内含两个核,并含有 4 根鞭毛。

【卢卡氏碘液配制】碘(I_2)1.0 g,碘化钾(KI) 2.0 g,蒸馏水 300 mL。先将碘化钾溶解在少量蒸馏水(3～5 mL)中,再将碘完全溶解在碘化钾溶液中,然后加入余下的蒸馏水。置于棕色瓶中可保存。

(5)PCR 鉴定肠道原虫病(以隐孢子虫病为例)

①隐孢子虫的分离与纯化:将饱和蔗糖漂浮收集的含卵囊的粪液,再经梯密度离心法纯化。取 10 mL 离心管,先加入 3.5 mL 1∶2 蔗糖梯度液于管底,再沿试管壁缓慢加入等体积的 1∶4 蔗糖梯度液,最后沿试管壁加入 3 mL 的含卵囊的粪液,3 000 r/min 离心 10 min,取中间白色层,用 pH 7.2 PBS 缓冲液洗涤 3 次,弃上清液,沉淀物用于提取虫体基因组 DNA。

【磷酸盐缓冲液配制】称取磷酸氢二钠 1.24 g、磷酸二氢钾 0.27 g、氯化钾 0.2 g 和氯化钠 8.0 g,溶于蒸馏水,定容至 1 000 mL,调节 pH 至 7.4,121℃高压灭菌 20 min 后,4℃保存。

②基因组 DNA 提取:分两步进行。

虫体卵囊的破碎:采用超声波破碎法或磁珠破碎法对所分离的卵囊进行破碎,然后按《分子克隆实验指南》中的真核生物基因组提取方法进行。超声波破碎时,工作时间为 20 s,间隔时间为 5 s,工作效率为 400 W,循环数为 40。磁珠破碎时,可选用直径为 2 mm 玻璃珠置于离心管中,加入磁珠体积为卵囊液体积的 1/3,在漩涡器振荡 30 min。

虫体基因组 DNA 提取:吸取离心后的 EP 管中的上清液 400 μL 分别加入干净的 EP 管中,每管再加入饱和酚和氯仿各 200 μL,小心颠倒混溶几下。13 000 r/min 离心 13 min。再吸取上清液 200 μL,加入另一干净的 2 mL EP 管中,再加入酚和氯仿各 100 μL。小心地颠倒混匀。13 000 r/min 离心 13 min。取其上清液 100 μL 加入 1.5 mL 的 EP 管中,再向该 EP 管中加入 2 倍体积(即

200 μL)的无水乙醇。置于-20℃的冰箱中冷冻作用 30 min。13 000 r/min 离心 13 min,丢弃上清液。加入 500 μL 的 75%乙醇洗涤,而后去掉液体。干燥 10 min,加入 30 μL 的 TE 缓冲液溶解,低温保存,用于 PCR 扩增反应。

③PCR 扩增目的基因:以 18S rRNA 基因为检测对象,反应体系见表 2-13。

表 2-13　PCR 扩增隐孢子虫 18S rRNA 基因反应体系

组成	体积/μL
mix(Taq 酶和 dNTP)	12.5
上、下游引物	各 1
DNA 模板	1
ddH$_2$O	9.5

PCR 反应参数:94℃预变性 5 min ;94℃变性 45 s,50℃退火 30 s,72℃复性 45 s,共 35 个循环;最后 72℃ 延长 10 min;4℃保存。

④琼脂糖电泳鉴定:按常规方法进行。

2. 血液原虫检查

主要检测弓形虫、巴贝斯虫、伊氏锥虫和住白细胞原虫等。

(1)血液涂片法　静脉采血,滴于载玻片一端,推制成血片,待干燥后,加甲醇 2～3 滴于血膜上,使其固定,再用姬姆萨或瑞氏液染色,置于油镜镜检。

(2)组织液抹片法　吸取腹水、脑脊液、胸腔积液等少许置于载玻片上,用牙签涂抹均匀,待干燥后用甲醇固定,再用姬姆萨或瑞氏液染色,置于油镜镜检。

(3)组织触片法　剪取少量肝、肺和肌肉等实质器官组织在载玻片上进行触片,待干燥后用甲醇固定,再用姬姆萨或瑞氏液染色,置于油镜镜检。

判定标准:若对病猪腹水、血液或组织触片检查发现虫体呈新月形,大小为4～7 μm,核深蓝色,细胞质呈淡蓝色,可确定为弓形虫滋养体。病猪的血液经过涂片后,再用吉姆萨染色液染色;在红细胞内有梨子形虫体,大小为 2～3 μm,染色细胞质呈淡蓝色,核呈红色,可判定为猪巴贝斯虫。对禽类红细胞检测发现红细胞中可见不同阶段配子体虫体,Ⅰ期配子体大小为 1～2 μm,呈点状或杆状虫体,Ⅴ期配子体大小为(11～15) μm×15 μm 的虫体,而肌肉抹片经染色后,可见圆形的裂殖体,大小 25～20 μm,内含多个裂殖子,呈点状,可确定为住白细胞原虫。

(4)血清学方法　血细胞凝集试验、琼脂扩散试验、免疫荧光技术、补体结合试验、胶体金技术和酶联免疫吸附试验等可用血液原虫检查。如市售胶体金诊断试剂盒可用快速诊断动物感染弓形虫情况,通过对猪血清抗体 IgG 和 IgM 的检测,并可作出初次感染和再次感染的判定。免疫荧光技术和补体结合试验常用于国际贸易中对巴贝斯原虫的检测。琼脂扩散试验可用于鸡住白细胞原虫检查。

（5）PCR 方法　取肝、肺、淋巴结（腹股沟淋巴结），剪碎病料置入玻璃研磨器，先简单研磨，加入 1 mL 组织裂解液后充分研磨；取 250 μL 研磨组织液于 2 mL 的 EP 管中，加入 390 μL 的消化液，10 μL 的蛋白酶 K 消化液（终质量浓度为 20 mg/mL），65℃水浴，消化过夜。按组织 DNA 提取方法提取基因组 DNA，然后进行 PCR 扩增。

（五）确诊并制定防控方案

综合上述检测结果进行确诊，并制定合理的防控方案。常见原虫病鉴别诊断要点见表 2-14、表 2-15。

（六）防控方案实施

将制定的防控方案在发生疾病的猪场、鸡场中实施，且跟踪回访以掌握防控实效，并依此调整和完善防控方案。

表 2-14　常见猪原虫病的鉴别诊断要点

病原名称	病名	流行特点	主要临床症状	特征性病理变化
阿米巴原虫	阿米巴原虫病	各种年龄动物均可发生，尤其潮湿环境更为严重。在动物之间以及人与动物可相互传播，吸血昆虫也可传播	病重者表现严重腹泻（痢疾），甚至血便，里急后重，有时发热	盲肠或结肠黏膜脱落，伴有结节，甚至溃疡灶；肠外阿米巴原虫病常导致肝和肺脓肿（类似于葡萄球菌形成的脓肿）
球虫	猪球虫病	多发生于 10～15 日龄仔猪，成年猪隐性感染，可继发感染传染性胃肠炎、细菌性疾病等	以腹泻为主，粪便淡黄色，带有黏液，后期粪便带血	空肠和回肠黏膜脱落，微绒毛萎缩
隐孢子虫	猪隐孢子虫病	多发生于仔猪，成年猪隐性感染，主要通过水源和食物方式感染	以腹泻为主，粪便淡黄色，带有肠黏膜脱落	空肠和回肠黏膜脱落，微绒毛萎缩

续表2-14

病原名称	病名	流行特点	主要临床症状	特征性病理变化
弓形虫	猪弓形虫病	各种年龄猪均可发生，尤其幼年猪发病率、死亡率均较高。传播途径主要是水平传播和垂直传播，吸血昆虫可机械性传播该病	发热,体温高达42℃、皮肤有点状出血(背部、腹部)、呕吐、眼睛分泌物增多。粪便干燥,色泽黑。尿液发黄且深	肺间质增宽、水肿,肝出血,伴有白色坏死灶,心肌软,淋巴结不同程度出血,肌肉色淡。腹腔、胸腔、心包积液。脾坏死。胃黏膜脱落、出血
巴贝斯虫	猪巴贝斯虫病	多发生于夏、秋季节,主要为吸血昆虫传播(尤其蜱虫)	发热,体温高达41.5℃、皮肤苍白,粪便干燥,色泽黑。尿液带血或深茶色	脏器有不同程度的黄染,心肌软,肌肉色淡,血液稀薄且凝固不良
结肠小袋纤毛虫	猪结肠小袋纤毛虫病	对仔猪危害较严重,可引起溃疡性肠炎	食欲减退或废绝,喜躺卧,有颤抖现象,感染率为20%~100%	结肠、直肠溃疡性肠炎

表 2-15　常见鸡原虫病的鉴别诊断要点

病原名称	病名	流行特点	主要临床症状	特征性病理变化
住白细胞原虫	鸡住白细胞原虫病	本病发生及流行与库蠓的活动有直接关系。多发生于5—10月份,6—8月份为高峰期。尤其在3~6周龄小鸡中发生最多,病情最严重,死亡率可高达50%~80%。此外,外来品种的鸡,如AA肉鸡、来航蛋鸡等对本病较本地鸡更易感	高热,精神沉郁,流涎,下痢,粪呈绿色,贫血,鸡冠和肉垂苍白。特征性症状是死前口流鲜血,因而常见水槽和料槽边沾有病鸡咯出的红色鲜血	骨髓变黄,肌肉及某些内脏器官出现白色小结节 全身性出血包括:全身皮下出血;肌肉出血,常见胸肌和腿肌有出血点或出血斑 气管、胸腹腔、腺胃、肌胃和肠道有时见有大量积血

续表 2-15

病原名称	病名	流行特点	主要临床症状	特征性病理变化
球虫	鸡球虫病	各品种的鸡均有易感性,15~50日龄的鸡发病率和致死率都较高,成年鸡对球虫有一定的抵抗力。主要经口感染	精神沉郁,羽毛蓬松,头卷缩,食欲减退,苍白,逐渐消瘦,开始时粪便为咖啡色,以后变为完全的血粪	柔嫩艾美耳球虫主要侵害盲肠,两支盲肠显著肿大,肠腔中充满凝固的或新鲜的暗红色血液,盲肠上皮变厚。毒害艾美耳球虫损害小肠中段,使肠壁扩张、增厚,浆膜层有明显的淡白色斑点,黏膜上有许多小出血点
	鹅球虫病	以截形艾美耳球虫致病力最强,寄生于肾小管上皮,使肾组织遭到严重破坏 3周至3月龄幼鹅最易感,常呈急性经过,病程2~3 d,致死率高达87%	极度衰弱和消瘦,腹泻,粪带白色。重症幼鹅致死率颇高	球虫病可见肾肿大,呈淡灰黑色或红色,肾组织上有出血斑和针尖大小的灰白色病灶或条纹,内含尿酸盐沉积物和大量卵囊。肾小管肿胀,内含卵囊、崩解的宿主细胞和尿酸盐
组织滴虫	鸡组织滴虫病	病程1~3周,死亡率可达50%~80%。8周龄至4月龄的鸡(蛋鸡)易感	下痢,粪便呈淡黄色或淡绿色。严重的病例,粪带血色,甚至排出大量血液。有的病鸡因血液循环障碍,鸡冠呈暗黑色(蓝紫色或黑色),常痉挛而死	典型病变为盲肠壁增厚,内充满干酪样渗出物或坏疽块,肠管异常膨大。盲肠黏膜有溃疡。肝肿大,并出现特征性的坏死病灶:在肝表面呈圆形或不规则形,中央稍凹陷,边缘稍隆起

续表 2-15

病原名称	病名	流行特点	主要临床症状	特征性病理变化
毛滴虫	鸽毛滴虫病	几乎所有的鸽都是带虫者,鸽毛滴虫病的发病率很高。鸡的患病多发生于1～3周龄的雏鸡。对于火鸡,发病年龄为16～30周龄,于夏季场地潮湿且与鸽同场饲养时容易发生	口腔黏膜的表面出现针尖大小、界限分明的干酪样病灶;腹泻	患鸡的口腔、食道、嗉囊直至腺胃和肌胃出现病变为灰白色的结节;或为黄色、坚实、无裂缝的成片的假膜。有时结节增大,堵塞食道腔。肝的病变开始在表面,呈现为稀疏的黄色坏死点或广泛的豆腐渣样病变

（徐前明）

附录二 畜禽疫病检测技能实训考评方案

项目		考评内容	考评形式与方法	时间/min	分值	备注
（一）基本理论	客观题	细菌学检测,病毒学检测,免疫学检测,分子生物学检测	笔答多媒体演示或纸质试卷	30	45	考生同一时间完成
	主观题	细菌学检测,病毒学检测,免疫学检测,分子生物学检测	笔答多媒体演示或纸质试卷	30	55	
（二）问卷调查设计	猪病		笔答	20	100	考生从中随机抽取1项,同一时间完成
	禽病		笔答	20	100	
（三）基本技能	细菌抹片制备、染色、镜检,解释结果	制备完好的细菌抹片并染色、镜检,根据操作结果回答问题	考官验证	20	10	考生从中随机抽取1项
	细菌分离培养、纯化,解释结果	接种环的使用、生物安全、培养皿的使用、细菌分离与纯化的操作,根据操作结果回答问题	考官验证	20	10	
	病毒分离、鉴定,解释结果	病毒材料处理、悬浮液制备、接种培养的操作,根据操作结果回答问题	考官验证	30	20	

续表

项目		考评内容	考评形式与方法	时间/min	分值	备注
（三）基本技能	寄生虫蠕虫虫卵和虫体检查，解释结果	病料采集与处理，虫卵与虫体鉴定，根据操作结果回答问题	考官验证	30	20	考生从中随机抽取1项
	血清学检测	病料处理、检测、解释结果，根据操作结果回答问题	考官验证	30	20	
	分子生物学检测	病料处理、检测、解释结果，根据操作结果回答问题	考官验证	30	20	
（四）综合技能	猪病	呼吸系统病例、消化系统病例、免疫效果评价	考官验证	30	100	考生从中随机抽取1项
	禽病	鸡肿瘤性病例、呼吸系统病例、水禽传染病病例	考官验证	30	100	

（李郁,孙裴,刘雪兰,徐前明,王桂军）

第三部分　畜禽普通病
检测技能训练

项目 Ⅰ　基本技能训练

实训一　猪、禽血液样本的采集和处理

一、实训目标

熟练掌握猪和家禽血液样本的各种采集技术以及血样的处理方法。

二、实训器材

注射器,真空采血管或玻璃试管,酒精棉球,胶管,离心机,离心管,EP 管,试管架,胶头吸管等。

三、技术路线

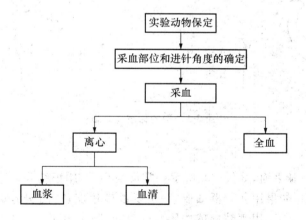

四、实训内容

动物的采血方法有很多,根据动物种类、检测项目、实验方法及所需血量的不同,可从静脉血管、末梢血管或心脏穿刺采取血液样品。

(一)静脉采血

1. 猪的采血

仔猪和中等大小的猪,仰卧保定,将两前肢向后拉直或使两前肢与体中线垂直。注意将头部拉直,这样可使前腔静脉紧张并可使胸前窝充分显露出来。育肥猪可站立保定,用绳环套在上颌,拴于栏柱即可。部位在左侧或右侧胸前窝,即由胸骨柄、胸头肌和胸骨舌骨肌的起始部构成的陷窝。术者右手持针管,使针头斜向对侧或向后内方与地面呈 60°角,刺入 2~3 cm 即可抽出血液,采血前、采血后均按常规消毒。保定和采血方法如图 3-1 所示。

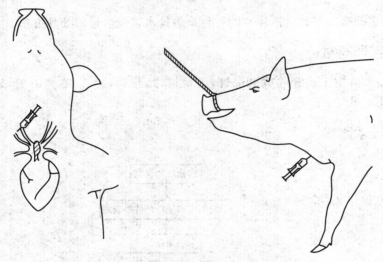

图 3-1　猪的保定和采血

2. 家禽的采血

常在翅下静脉采血,如图 3-2 所示。常规消毒后,用细针头刺入静脉让血液自由流入集血瓶中,如果用注射器抽取,一定要放慢速度,以防引起静脉塌陷和出现气泡。血液采集完后,用酒精棉球按压一段时间,防止出血。

(二)末梢采血

适用于需血量少、采血后立即进行检验的项目,如涂制血涂片、血细胞计数、血红蛋白测定、出血时间和凝血时间测定等。猪从耳静脉采血颇为方便,方法是助手将耳根握紧,稍等片刻,静脉即可显露出来。在耳边缘剪毛、消毒,待乙醇挥发干以

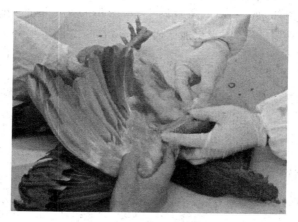

图 3-2　鸡的翅下静脉采血

后,用针头刺入 0.5～1 cm,血液可流出。用棉球擦去第 1 滴血,用第 2 滴血作为血样,对仔猪,也可将尾尖部消毒后,剪去尾尖即可采得血样。

(三)心脏采血

当需要血量较多时,家禽可进行心脏穿刺采血。通常是右侧卧保定,在左侧胸部触摸心搏动最明显的地方进行穿刺,从胸骨鞘前端至背部下凹处连接线 1/2 点即为穿刺部位。用细针头在穿刺部位与皮肤垂直刺入 2～3 cm 即可采得心脏血液。采血前后应严格消毒。

(四)血样的处理

1. 全血

将从动物体内采集到血液经抗凝处理即成全血,即包括血细胞和血浆的所有成分。临床上主要用于血细胞成分的检查。

2. 血清的制备

获得的血液不能抗凝,盛于离心管或可以离心的器皿中,静置或置 37℃ 环境中促其凝固,待血液凝固后,将其平衡后离心(一般为 3 000 r/min,离心 5～10 min),得到的上清液即为血清,可小心将上清液吸出(注意切勿吸出细胞成分),分装备用。

3. 血浆的制备

在盛血的容器中先加入一定比例的抗凝剂(抗凝剂：血液＝1：9),将血液加到一定量后颠倒混匀,离心(离心条件同上)后所得的上清液即为血浆。初用者最好将上清移至另一清洁容器,吸出血浆时用移液器枪头贴着液面逐渐往下吸,切莫吸起细胞成分。

(王希春)

实训二　猪的穿刺技术

一、实训目标

熟练掌握猪的各种穿刺方法。

二、实训器材

保定装置,穿刺针,注射器,生理盐水,碘酒棉球,酒精棉球,剃毛刀等。

三、技术路线

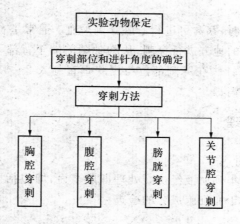

四、实训内容

(一)胸腔穿刺法

猪站立保定,术者一手将术部皮肤向前移动,一手持适当大小的灭菌套管针,在右侧第 5 肋间或左侧第 6 肋间,沿肋骨前缘垂直刺入 2～4 cm,当感觉到阻力突然消失时,即表示刺入胸腔。拔出套管针针芯,或用与胶管连接的注射器抽取胸腔积液。穿刺采样或排液(气)后,应立即插回套管针针芯,然后一手压紧术部皮肤,一手拔出穿刺针,术部消毒。

胸腔穿刺常用于胸膜炎、胸水、气胸的诊断与治疗,排出胸内蓄积的液(气)体,或用消毒液冲洗胸腔。

(二)腹腔穿刺法

首先,助手将动物站立保定。穿刺部位在脐后方,白线两侧 $1\sim2$ cm 处,术部按常规剪毛消毒。术者一手将术部皮肤向侧方稍稍移动,一手持特制的腹腔穿刺套管针或大号注射器针头,由下向上垂直刺入腹腔。刺入不宜过猛过深,穿透腹壁肌肉即可,以免伤及肠管。穿刺针刺入腹腔后,一手固定套管,一手拔出针芯,腹腔液经套管或针头可自动流出。若排液不畅,可由助手轻压两侧腹壁,以促使其充分排出,当肠系膜或网膜堵塞针孔而妨碍排液时,可缓慢回抽或摆动针头。

排液或向腹腔内注药完毕,抽回针芯,压紧针孔周围皮肤,拔出穿刺针,术部消毒。

(三)膀胱穿刺法

猪多采用腹壁外穿刺,部位在耻骨前缘下腹壁处。取侧卧保定,将左或右后肢向后上方牵引,使术部充分暴露。用触诊法确定膀胱位置后,术部剪毛、消毒,术者一手隔着腹壁固定膀胱,一手持消毒针头,在耻骨前缘下腹壁处或触诊确定的膀胱处,向膀胱刺入。针一旦进入膀胱内,尿液便从针头内流出。穿刺完毕,拔出针头,消毒术部。

(四)关节腔穿刺法

关节腔穿刺主要用于诊断和治疗关节疾病,如采集关节液检验;关节腔内注入药物治疗;注入关节腔内适量普鲁卡因,对跛行定位诊断。经常穿刺的有腕关节、跗关节、球关节和蹄关节等。

1. 腕关节(腕桡关节)穿刺

在关节的外侧、桡骨、腕外屈肌腱和副腕骨上缘共同组成的三角凹陷中,针头在副腕骨上方,由前内方向对准桡骨刺入 $2.5\sim3$ cm,或将腕关节屈曲,由前方刺入腕桡关节或腕间关节。

2. 跗关节穿刺

在关节曲面胫骨内踝的前下方凹陷内,针头水平刺入 $1.5\sim3$ cm。

3. 球关节(系关节)穿刺

在掌骨、系韧带和上籽骨上缘所形成的凹陷内,针头与掌骨侧面呈 45°角,由上向下刺入 3~4 cm。

4. 蹄关节穿刺

蹄冠背侧,蹄匣边缘上方 1~2 cm,中线两侧 1.5~2 cm 处,从侧面自上而下刺入伸腱突下 1.5~2 cm 深。

(王希春)

实训三 导尿与膀胱冲洗法

一、实训目标

熟练掌握猪的导尿技术与膀胱冲洗方法。

二、实训器材

保定装置,开膣器,导尿管,液体石蜡,冲洗液,50 mL 注射器等。

三、技术路线

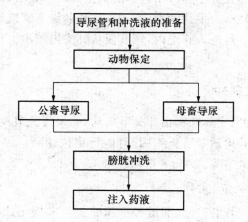

四、实训内容

(一)导尿管和冲洗液的准备

通常应用与动物尿道内径相适应的橡皮导尿管,对母畜也可用特制的金属导尿管进行之。用温水洗去污垢物,以无刺激消毒液(2%硼酸水或0.1%新洁尔灭液)擦洗尿道外口后,将已消毒并涂以润滑油的导尿管(橡胶制品)缓慢插入尿道内。

(二)导尿

导尿,主要用于怀疑尿道阻塞时,以探查尿路是否通畅;也用于当膀胱充满而又不能排尿时,导出尿液;必要时可用消毒药进行膀胱冲洗以做治疗;还可用于采集尿液以供检验。公猪的尿道因有"S"状弯曲,探诊检查较为困难,导尿时先用1%～3%盐酸普鲁卡因液 30～40 mL,在会阴部两侧封闭阴茎背神经,将尿道的"S"状弯曲拉直后,再插入导尿管。

针对母猪,可站立保定,由助手将尾巴拉向一侧,术者右手消毒后持导尿管进入阴门,将管端压在食指下,以食指探寻尿道口,然后顺手指将导尿管送入膀胱,即有尿液流出。当识别尿道口有困难时,可用开膣器开张阴道,即可看到尿道口。导尿管如误入尿道盲囊中,即感到有阻力,此时不可强力推送,应将导尿管稍抽回,沿盲囊上方送入膀胱。导尿结束后,将手与导尿管一起抽出。

(三)膀胱冲洗

主要用于膀胱炎的治疗,也可用于导尿或采取尿液供化验诊断。本法在母畜操作容易,用于公畜难度较大。冲洗药液宜选择刺激性或腐蚀性小的消毒、收敛剂,常用的有生理盐水、2%硼酸、0.1%～0.5%高锰酸钾、1%～2%石炭酸、0.1%～0.2%雷弗奴尔等溶液,也常用抗生素及磺胺制剂的溶液。按照上述方法先排净尿液,然后用导尿管的另外一端连接洗涤器或注射器,注入冲洗药液,反复冲洗,直至排出药液呈透明状为止,最后将膀胱内药液排除。

洗涤膀胱在导尿管插入或拉出时,动作要缓慢,不要粗暴,以免损伤尿道黏膜和膀胱壁;洗涤液的温度要与体温相近。

(王希春)

实训四　尿液检验

一、实训目标

掌握尿液化学检验方法及尿沉渣的检查方法,并能认识某些沉渣、细胞、细菌、寄生虫卵、精子、脂肪滴及管型等。

二、实训器材

保定装置,尿液分析仪,试纸条,离心机,胶头滴管,导尿管,液体石蜡,小烧杯,载玻片,盖玻片,光学显微镜等。

三、技术路线

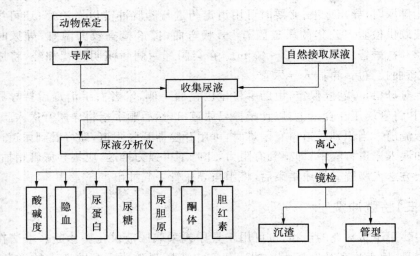

四、实训内容

(一)尿液样本的收集

可以在动物排尿时,自然采集新鲜尿液,也可以通过导尿的方法收集尿液,导尿方法可参照第三部分项目Ⅰ实训三。

(二)尿液的分析试条测试

首先,将试条浸入尿液样本,确认检测垫湿润;立即移开试条,并沿容器边缘轻轻拖试条,用纸巾吸去多余尿液;垫朝上,将试条放入测试台通道末端,8 s后,测试台和试条会被自动拉入分析仪;46 s后测试结果会自动打印出来,直接读取尿糖、胆红素、酮体、比重、隐血、pH、尿蛋白、尿胆原、亚硝酸盐和白细胞等指标。

(三)尿沉渣标本的制备与检查方法

将尿液静置 1 h 或低速(1 000 r/min)离心 5～10 min。取沉淀物 1 滴,置于载玻片上。用玻璃棒轻轻地涂布使其分散开来，滴加 1 滴稀碘液（不加也可），加盖玻片，低倍镜观察。镜检时，宜将聚光器降低，缩小光圈，使视野稍暗，用低倍镜观察到大体印象后转换为高倍镜仔细观察。

（四）尿沉渣与沉淀物的鉴别

尿沉渣有两类：有机沉渣和无机沉渣。有机沉渣包括各种细胞和各种管型，无机沉渣包括碱性尿中的盐类结晶和酸性尿中的盐类结晶。

1. 上皮细胞

（1）肾上皮细胞　呈圆形或多角形，比白细胞略大，细胞的中央有一个大而明显呈圆形或椭圆形的细胞核，细胞质中有小颗粒。肾上皮细胞的大量脱落，表示肾小管有严重的病变。

（2）肾盂及尿路上皮细胞　比肾上皮细胞大，肾盂上皮呈高脚杯状，细胞核较大，偏心。尿路上皮细胞多呈纺锤形，也有多角形及圆形者，核大，位于细胞中央或略偏心。这些细胞的大量出现，常常提示为肾盂肾炎、输尿管炎。

（3）膀胱上皮细胞　为大而多角的扁平上皮细胞，内有小而圆或椭圆形的核，细胞边缘有皱褶。尿中出现大量的扁平上皮细胞，提示膀胱有炎症。

2. 血细胞、白细胞、脓细胞和黏液

（1）红细胞　健康动物的尿中无红细胞。红细胞的形态与尿的新鲜度和酸碱度有关，新鲜尿中的红细胞正面呈圆形，侧面为双凹盘形；碱性尿及稀薄的尿中的红细胞，常呈膨胀状态；在酸性及浓缩尿中的红细胞多为皱缩状态，边缘呈锯齿状。尿中出现红细胞，提示尿路出血或肾小球病变。

（2）白细胞　尿中的白细胞主要是中性粒细胞。尿中有多量的嗜中性白细胞，提示尿路的炎症；尿中同时有肾上皮细胞和白细胞提示为肾炎。

（3）脓细胞　主要为变性的嗜中性分叶白细胞，镜检时外形不规则。结构模糊，常集聚成堆，细胞质内充满粗大颗粒，细胞核隐约可见。尿中出现多量的脓细胞，见于尿炎、肾盂肾炎、膀胱炎和尿道炎。

（4）黏液　为无结构的带状物，被稀碘液染成淡黄色，比透明管型宽，称为假管型。尿中出现多量的黏液，见于泌尿器官炎症。

3. 管型（尿圆柱）

管型是由肾小球滤出的蛋白质变性凝固或由蛋白质与某些细胞成分相结合而在肾小管内形成的。上皮管型提示急性肾炎；颗粒管型见于急、慢性肾炎，肾病变等肾器质性疾患；透明管型见于肾疾病及心脏病（瘀血）；红细胞管型提示肾出血性炎症;脂肪管型见于肾的脂肪变性、炎症过程;蜡样管型是肾小球严重病变的结果,见于慢性肾炎。

4.碱性尿中的无机沉渣

(1)碳酸钙结晶 圆形,具有放射状线纹。此外有哑铃状、磨刀石状、饼干状等。

(2)磷酸铵镁结晶 为多角棱柱体及棺盖状结晶,也有雪花片状或羽毛状。

(3)磷酸钙(镁)结晶 为无定形浅灰色颗粒。有时呈三棱形、聚集成束。

(4)尿酸铵结晶 为黄色或褐色,圆形,表面有刺突,类似曼陀罗果穗状。

5.酸性尿中的无机沉渣

(1)草酸钙结晶 为四角八面体,如信封状,有十字形折光体。

(2)硫酸钙结晶 为长棱柱状或针状,有时聚集成束状、扇状。

(3)尿酸结晶 为棕黄色的磨刀石状、叶簇状、菱形片状、十字状或梳状等。

(4)尿酸盐 呈棕黄色小颗粒状,聚积成堆。

6.其他沉淀物

(1)细菌 采尿时如无菌操作仍发现有大量细菌,则表明尿道感染。

(2)酵母 通常为酵母污染,诊断意义不大。

(3)原虫性尿 多为粪便污染所致,亦可见于生殖道的毛滴虫污染。

(4)寄生虫卵 寄生于尿、生殖道内的虫卵。如猪肾虫等。

(5)脂肪滴 由于肾上皮细胞、白细胞发生脂肪变性,尿内可出现发亮的大小不等的小滴,呈圆形,是中性脂类,能被苏丹Ⅲ染色。

(王希春)

实训五 粪便检验

一、实训目标

了解粪便检查的内容,掌握酸碱度及粪便潜血检验的方法。另外,对粪便中寄生虫卵的检查,应有初步认识。

二、实训器材

广泛 pH 试纸,酸度计,联苯胺冰醋酸液,30%过氧化氢溶液,饱和食盐水,载玻片,盖玻片,镊子,酒精灯,小试管,小烧杯,60 目金属铜筛,光学显微镜等。

三、技术路线

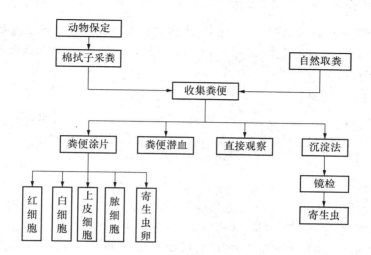

四、实训内容

(一)粪便样品的采集

可以自然采集刚排出的新鲜粪便,也可以使用棉拭子从动物肛门内采集粪便,短时间内直接用于检查。

(二)粪便潜血检验技术

用竹镊子在粪便的不同部分,选取绿豆大小的粪块,置洁净的载玻片上涂成直径约 1 cm 的范围。如粪便干燥,可加少量蒸馏水调和涂布。将玻片在酒精灯上缓缓通过数次,以破坏粪中的过氧化氢酶。冷后,滴加联苯胺冰醋酸液 10～20 滴及新鲜 30% 过氧化氢溶液 10～20 滴,用火柴棒搅动混合,将玻片置于白色背景上观察。

结果判定:根据颜色的出现时间,用"±"或 1～3 个"+"号表示结果。详见表 3-1。

表 3-1　粪便潜血检验结果判定表

s

符号	蓝色开始出现的时间	符号	蓝色开始出现的时间
±	60	++	15
+	30	+++	3

（三）粪中病理混杂物的鉴别

粪中除饲料残渣外，在病理情况下，往往混有血细胞、脓细胞、上皮细胞等物。肉食动物若发生阻塞性黄疸，还可见到大量脂肪酸；胰腺疾病时，因胰液分泌紊乱，出现大量中性脂肪。

1. 粪便涂片方法

由粪便不同部分采取少许粪块，置载玻片上，加少量生理盐水，用火柴棒混合并涂成薄片，以能透过书报字迹为宜，加盖玻片，用低倍镜观察整个涂片，然后用高倍镜仔细观察。

2. 观察

（1）红细胞　为小而圆、无细胞核的发亮物，常散在或与白细胞同时出现。

（2）白细胞　为圆形、有核、结构清晰的细胞，常分散存在。

（3）脓细胞　结构模糊不清，核隐约可见，常常聚集在一起甚至成堆存在。

（4）上皮细胞　柱状上皮细胞来自肠黏膜，扁平上皮细胞来自肛门附近。

（5）中性脂肪　镜检淡黄色折光性强，呈滴状或无色有折光块状，苏丹Ⅲ染红色，在冷乙醇或氢氧化钠中不溶，但加热或用乙醚可溶化。

（6）游离脂肪酸　为无色细长针状结晶或块状，苏丹Ⅲ染色块状呈红色，针状结晶不着色，加热、冷乙醇、氢氧化钠和乙醚均可使其溶化。

（7）结合脂肪酸　为针束状或块状，苏丹Ⅲ染色不着色，除冷乙醇可使其溶化外，加热、氢氧化钠和乙醚都不会使其溶化。

（四）粪中寄生虫卵的观察

畜禽粪便中寄生虫卵的检查与观察，参见第二部分项目Ⅰ实训四。

（王希春）

实训六　猪肺部疾病的影像学诊断

一、实训目标

熟练掌握肺部 X 光技术、常见肺部疾病的影像学表现。

二、实训器材

X光机,观片灯,胶片,保定装置,胶片盒等。

三、技术路线

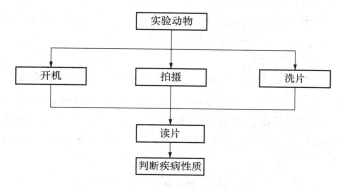

四、实训内容

(一)动物准备

1. 拍片前准备

应把猪需检查的部位皮肤上的泥土、药物等除掉,以免出现干扰阴影,影响观察和发生误诊。摄影时要将动物安全保定,必要时给予镇静剂,甚至进行麻醉。

2. 投照方位

取侧卧保定。

(二)投照技术

1. 曝光技术

在暗室中将胶片装入胶片盒,放置在摄影床的合适位置。接通机器电源,调节电源调节器,使电源电压表指示针在标准位置上;根据摄片位置、被照动物的情况调节千伏、毫安和曝光时间;曝光完毕,切断电源。

2. 摄影条件

用透射线软垫将胸骨垫高使之与胸椎平行;颈部自然伸展,前肢向前牵拉以充分暴露心前区域;X线中心对准第4、5肋间(肩胛骨的后缘);投照范围从肩前到第

1 腰椎。

(三)洗片与读片

1. 洗片

包括显影、漂洗、定影、水洗及干燥五个步骤。

(1)显影 将曝光后的 X 线片从暗盒中取出,然后选用大小相当的洗片架,将胶片固定四角,先在清水内润湿 1～2 次,除去胶片上可能附着的气泡。再把胶片轻轻放入显影液内,进行显影。

(2)漂洗 即在清水中洗去胶片上的显影剂。漂洗时把显影完毕的胶片放入盛满清水的容器内漂洗 10～20 s 后拿出,滴去片上的水滴即行定影。

(3)定影 将漂洗后的胶片浸入定影箱内的定影液中,定影的标准温度和定影时间不像显影那样严格,一般定影液的温度以 16～24℃ 为宜,定影时间为 15～30 min。

(4)水洗 把定影完毕的胶片放在流动的清水池中冲洗 0.5～1 h。

(5)干燥 冲影完毕后的胶片,可放入电热干片箱中快速干燥。

2. 读片

将冲洗好的 X 光片放在观片灯下读片。判断肺部病变情况。

(韩春杨)

实训七　B 型超声在猪妊娠期疾病诊断中的应用

一、实训目标

熟练掌握 B 型超声诊断技术,并能利用 B 超技术对妊娠期疾病作出诊断,为妊娠期疾病治疗提供科学依据。

二、实训器材

B 超诊断仪,探头,实验动物(怀孕母猪),耦合剂,剃毛刀,清洁布,保定架,长绳等。

三、技术路线

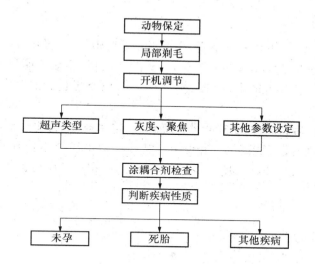

四、实训内容

（一）动物准备

1. 保定

采用站立保定。在绳的一端做一活套，使绳套自猪的鼻端滑下，套在上颌犬齿后面并勒紧，然后由一人拉紧保定绳或拴于木桩上。

2. 局部剃毛

用剃毛刀将左（右）侧乳房上部探查部位毛发去除，洗净，并用清洁布擦干。

（二）B 超检查技术

1. 探查部位确定

下腹部左（右）后肋部前的乳房上部，从最后一对乳腺的后上方开始，随妊娠增进，探查部位逐渐前移，最后可达肋骨后端。

2. B 超探查技术

打开电源，选择超声类型；调节辉度及聚焦；涂耦合剂（包括探头发射面）。使用 5.0 MHz 探头进行横向和纵向扫查，调节辉度、对比度、灵敏度视窗深度及其他技术参数,获得最佳声像图。获得最佳图像后进行冻结、存储、编辑、打印等操作。最后关机。

3. 超声探查内容

配种后 18~21 d 可探查到孕囊,呈圆形或椭圆形,若声像图显示的是白云图,则表明母猪未怀孕,没有孕囊;25 d 后,可见胎体反射,孕囊像明显且呈现规则的圆形黑圈,没有怀孕母猪的子宫在配种 25~60 d 没有黑色圆圈,会显示规则平整的白云模样。

怀孕 70 d 以后的图像,小猪骨骼已经钙化,羊水被吸收,此时不再有黑色的孕囊,图像上也就没有圆形黑圈了,表现为一条弧形似虚线的小猪脊椎骨,怀孕 90 d 以后的图像,可以看到小猪的胎心在跳动,没有胎心在跳动说明胎儿死亡。

（韩春杨）

项目Ⅱ　综合技能训练

实训一　胃肠炎的鉴别诊断

一、实训目标

掌握胃肠炎的病史和症状资料的收集方法及临床检查和实验室检查方法,掌握引起胃肠炎的主要病因及其鉴别诊断要点,并根据诊断结果制定出合理的治疗方案。

二、实训器材

(一)试剂与药品

氯化钠,联苯胺,乙酸,蒸馏水,30%过氧化氢溶液等。

治疗所需药品及血液生化分析所需试剂盒根据具体情况确定,细菌和病毒分离鉴定所需试剂等参见第二部分项目Ⅰ实训二、实训三。

(二)设备与器材

生化分析仪,血细胞计数仪,B超仪,X光机,显微镜,电子天平,离心机,微量移液器,枪头,镊子,接种环,注射器,输液器,试管,听诊器,体温计,广泛pH试纸,载玻片,盖玻片,50 mL烧杯,玻棒,量筒,酒精灯,试管夹,60目金属铜筛,非抗凝和EDTA-2Na真空抗凝管及采血针头,乳胶管,解剖器具一套,离心管等。

细菌和病毒分离鉴定所需设备与器材参见第二部分项目Ⅰ实训二、实训三。

三、技术路线

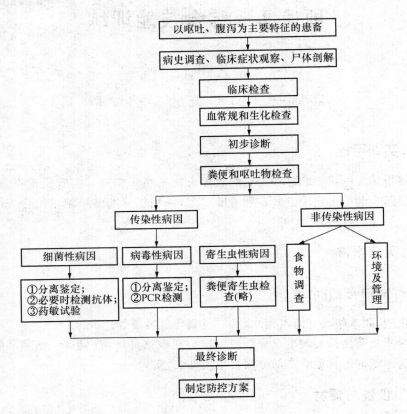

四、实训内容

(一)诊断

对病畜进行病史调查、临床症状观察,一般检查和实验室检查,并按照病历格式逐项记录。

1. 病畜登记

询问病史,了解饲养管理、发病、用药情况,疗效及药物过敏史等。

2. 临床症状观察

观察动物临床表现,包括口症、精神状态、腹泻和呕吐情况、体况,观察呕吐物和粪便的性状、气味、色泽和数量等。

3. 尸体剖检

剖检患畜,观察全身各组织器官的病理变化,同时采集样本,以备病原检测。

4. 临床检查

精神状态观察,体温、脉搏、呼吸数的测定;四肢末梢的触诊。

脱水体征检查:通过脱水体征检查,判断动物脱水程度,为补液量的确定提供依据。主要依据眼球凹陷程度、口腔黏膜干湿度、皮肤弹性、排尿量等临床体征判断脱水程度。用手将患畜背部皮肤捏成皱褶,然后放开,观察恢复原状的时间,时间越长表明脱水越重。按压牙龈观察毛细血管再充盈时间,时间越长说明微循环越差。患畜脱水程度判断标准如下:

(1)轻度脱水　体重减少 $5\%\sim8\%$;精神稍差,眼窝下陷不明显,口腔黏膜稍微干涩;皮肤捏起恢复原状需要 $2\sim4$ s,毛细血管再充盈时间稍增加。

(2)中度脱水　体重减少 $8\%\sim10\%$;精神差,眼窝轻微下陷,口腔黏膜干燥;皮肤捏起恢复原状需要 $6\sim10$ s,毛细血管再充盈时间增加。

(3)重度脱水　体重减少 $10\%\sim12\%$;精神很差,眼窝下陷,口腔黏膜极干燥;皮肤捏起恢复原状需要 $20\sim44$ s,毛细血管再充盈时间超过 3 s。

胃肠的触诊和听诊。通过听诊胃肠蠕动音了解胃肠机能,为诊断和治疗提供依据,例如,频频腹泻而肠蠕动音很弱或无,不可用阿托品或 654-2 等药物。

5. 实验室检查

(1)血常规检查　采集抗凝血进行血常规检查,帮助判断炎症程度、贫血程度及是否为病毒性胃肠炎(白细胞总数降低)。如怀疑肠套叠等其他疾病,可以采用 B 超和/或 X 光检查。

(2)血液生化分析　采集血清检测胰脂肪酶和淀粉酶,排除胰腺炎引起的呕吐与腹泻;检查血清中 K^+、Na^+、Cl^- 及碱储;帮助判断酸碱失衡及离子丢失程度,指导治疗用药。

(3)呕吐物的检查　如呕吐物为咖啡色或黑色,需进行潜血试验判断是否有血;用 pH 试纸检测呕吐物的酸碱度,帮助鉴别呕吐和返流。

(4)粪便的检查　检查方法见"粪便检验"。若粪便为咖啡色、褐色或黑色需进行粪便潜血检验,以判断是否为出血性胃肠炎;粪便寄生虫的检查,以判断是否为寄生虫性胃肠炎;粪便中病理混杂物的检查,例如脂肪滴和未消化的肌纤维,帮助判断是否为胰腺炎引起的呕吐和腹泻。粪便中细菌和病毒的检测大致如下,详细内容参见第二部分项目Ⅰ实训二、实训三。

(5)细菌检查　病料中分离细菌,进行形态学、培养特性、动物接种、免疫学及分子生物学等鉴定。若分离出细菌,则应进行药敏试验,筛选敏感药物。

(6)病毒检测　可选用动物、禽胚或组织细胞,将病毒从病料中分离出来,再进行形态学、理化特性、动物接种、免疫学及分子生物学等鉴定。

(二)最终诊断,制定治疗方案

综合上述检测结果,进行最终诊断。再依据诊断结果,制定合理的防控方案。

(三)治疗方案实施与跟踪回访

(李锦春)

实训二　呼吸器官疾病的鉴别诊断

一、实训目标

熟练掌握实验动物呼吸器官疾病的鉴别诊断。

二、实训器材

(一)试剂与药品

乙酸,酒精,氢氧化钾,中性树胶,蒸馏水,二甲苯,瑞姬氏染色液等,药品根据实际情况确定。

(二)设备与器材

X光机,血细胞计数仪,离心机,听诊器,叩诊板,叩诊锤,温度计,穿刺针,注射器,量筒,试管,吸管,比重计,EDTA抗凝真空采血管,采血针头,脱脂棉,剪毛剪,胶皮管,光学显微镜,酒精灯,离心管,载玻片等。

三、技术路线

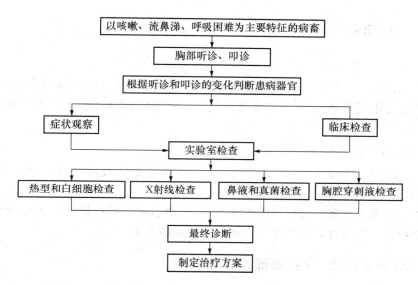

以咳嗽、流鼻涕、呼吸困难为主要特征的病畜

胸部听诊、叩诊

根据听诊和叩诊的变化判断患病器官

症状观察　　　　临床检查

实验室检查

热型和白细胞检查　　X射线检查　　鼻液和真菌检查　　胸腔穿刺液检查

最终诊断

制定治疗方案

四、实训内容

采用咳嗽、流鼻涕、呼吸困难的患畜进行实训。

（一）胸部听诊和叩诊

用听诊器和叩诊锤在胸部听、叩检查,初步将上呼吸道疾病、支气管疾病、肺部疾病和胸膜疾病区别开来。鉴别诊断依据:气喘、咳嗽、流鼻涕、不同程度的呼吸困难。

1. 上呼吸道疾病

具气喘,胸部听、叩诊变化不大。

2. 支气管炎

具气喘,胸部听诊有变化,叩诊无变化,全身症状较轻。

3. 肺脏疾病

气喘,混合性呼吸困难,全身症状重剧,听诊和叩诊变化明显。

4. 胸膜疾病

混合性呼吸困难,腹式呼吸,无鼻液。听诊肺泡呼吸音减弱或消失,心音减弱。

叩诊胸部呈水平浊音（胸膜炎如无胸腔积液则不呈水平浊音），浊音区的上方呼吸音增强。

（二）体温和白细胞检查

1. 体温检查

每天测温至少两次，记入体温表，绘制热型，根据热型帮助判断疾病的性质，如支气管炎呈不定型热、小叶性肺炎弛张热、大叶性肺炎稽留热，坏疽性肺炎多呈弛张热等。

2. 血常规检测

用 EDTA 抗凝真空采血管采集抗凝血，用血细胞计数仪检测血常规，读取白细胞的值。

炎性疾病体温和白细胞总数通常升高，病毒引起的呼吸器官疾病白细胞总数可能会降低。非炎性疾病体温和白细胞总数一般正常。

（三）病史调查、症状观察和 X 线检查

通过观察患畜临床表现并调查病史，进一步进行鉴别诊断，必要时胸部 X 摄片。

1. 上呼吸道疾病

（1）感冒　全身症状较重，体温升高，有受寒史，畏光流泪，应用解热剂效果好。

（2）鼻炎和鼻窦炎　打喷嚏、喷鼻，鼻黏膜肿胀，鼻腔狭窄。鼻窦炎单侧鼻孔流鼻液。

（3）喉炎　连续或剧咳，头颈伸展，喉部肿胀敏感（咽炎：咳嗽轻，口鼻流涎，吞咽困难）。

2. 支气管炎

（1）急性大支气管炎　咳嗽，病初呈短、痛干咳，以后多变为湿、长咳嗽；鼻液由浆液性变为黏液性或黏液-脓性；肺部可听到干、湿啰音，体温升高 0.5～1℃ 全身症状较轻，呼吸和脉搏稍快。

（2）慢性大支气管炎　持续性频咳，尤其在饮冷水或受冷时更明显，多为干、痛咳。听诊多为干性啰音，叩诊一般无变化。X 线检查，肺纹理增强、增粗，阴影变浓。

（3）细支气管炎　体温升高 1～2℃，全身症状明显，多呈腹式为主的呼气性呼吸困难，有时为混合性呼吸困难。肺泡呼吸音普遍增强，可听到干啰音和小水疱音

或捻发音。肺部叩诊音较正常高朗,继发肺气肿时,叩诊界后移且呈鼓音。

(4)腐败性支气管炎 呼出腐败臭气体,鼻液污秽不洁,体温不及肺坏疽高,具有急性支气管炎的症状,有误咽病史。采集鼻液检查无弹力纤维。

鼻液弹力纤维检查:取 2～3 mL 鼻液放于试管中,加入等量的 10%氢氧化钠(钾)溶液,在酒精灯上边震荡边加热,使其中的黏液、脓汁等溶解,但弹力纤维则不溶,倾去上清液,再用蒸馏水冲洗并离心沉淀 5～10 min,取管底沉渣一滴,滴在载玻片上,加盖盖玻片,镜检。弹力纤维呈透明的折光性较强的细丝状弯曲物,并且具有双层轮廓,两端尖或呈分叉状,常集聚成团而存在;弹力纤维的出现,表示肺组织溶解、破溃或有空洞存在。见于异物性肺炎和肺脓肿等。

3. 肺脏疾病

根据体温和血常规将肺非炎性疾病和炎性疾病初步区分,通过观察患畜临床表现并调查病史,进一步对肺脏疾病进行鉴别诊断。

(1)非炎性肺脏疾病

①肺充血肺水肿:病史;肺水肿与肺充血的症状极其相似,动物惊恐不安,眼球突出,高度混合性呼吸困难,呼吸用力且加快;肺充血时,脉搏快而有力,第二心音增强,体温升高,可达 40℃;肺叩诊正常或呈轻度过清音,听诊肺泡呼吸音增强;肺水肿时,鼻孔流粉红、浅黄或白色细小泡沫状鼻液,肺部听诊有湿啰音或捻发音;肺泡内充满液体时叩诊呈浊音,含液、气时呈浊鼓音;X 线资料示肺野阴影加深,肺门血管纹理明显。

②间质性肺气肿:病史;临床特征(高度呼吸困难甚至窒息;叩诊过清音、鼓音,肺界正常或扩大;干、湿啰音,捻发音;皮下气肿);肺病理变化观察。

③肺泡气肿:急性肺泡气肿病情急,肺泡呼吸音增强,叩诊界后移,呼气性呼吸困难,叩诊呈过清音,X 线资料示肺野透明增强。慢性肺泡气肿,病程长,肺泡呼吸音减弱,二段呼气,形成喘沟,叩诊界后移,X 线资料示肺野透明。

(2)炎性肺脏疾病

①支气管肺炎:弛张热型,干、湿啰音,捻发音,灶性浊音,X 线资料示斑片或斑点状阴影。可继发化脓性肺炎或坏疽性肺炎。

②大叶性肺炎:稽留热,定型经过(如治疗不一定有),铁锈色鼻液(病初浆液、黏液或脓性鼻液;肝变期铁锈色或黄红色;溶解期少量黏液-脓性鼻液),肝变期患部支气管呼吸音,充血期和溶解期呈捻发音和干、湿啰音,叩诊大片浊音灶,X 线下呈均匀一致的大片阴影。

③坏疽性肺炎:误咽、异物创伤等病史,食欲降低甚至废绝,体温 40℃以上,多呈弛张热。湿性痛咳、声音嘶哑,呼吸急速,腹部起伏明显或腹式呼吸。呼出恶臭

气体,污秽不洁鼻液(灰白、淡绿、灰褐或带红的脓性鼻液),支气管呼吸音,干、湿啰音,空瓮音,胸膜摩擦音。半浊音、浊音→金属音→破壶音,病灶深在叩诊无变化。X线摄片可见局限性的阴影,病灶破溃并与支气管沟通时,呈椭圆形微透明阴影。鼻液静置分3层。鼻液检查有弹力纤维。

④霉菌性肺炎:流行病学;症状(动物卡他性肺炎,污秽绿色鼻液;禽支气管肺炎症状;一侧性眼炎;侵害大脑呈斜颈、运动失调、强直痉挛等神经症状);病理变化(呼吸道、肺、气囊黄色结节或肉芽肿);初诊抗生素无效;取病灶组织直接镜检或培养、切片,找到真菌后确诊。X线检查:发现支气管肺炎、大叶性肺炎、弥漫性小结节的影像,肿块状阴影。

⑤化脓性肺炎:脓肿开始形成时,体温持续升高,当脓肿被结缔组织包裹时高温渐退,新脓肿形成时,体温又升高。若脓肿破溃,则病情加重,脉搏加快,体温升高。浅在肺脓肿区叩诊可呈局部浊音。听诊肺区有各种啰音,湿啰音尤为明显。脓肿破溃后,可流出大量恶臭的脓性鼻液,内含弹力纤维和脂肪颗粒。X线检查:早期肺脓肿呈边缘模糊的大片浓密阴影;慢性者呈大面积密度不均的阴影,伴有纤维增生,胸膜增厚,其中央有不规则的稀疏区。

4. 胸膜炎和胸腔积液的鉴别诊断

(1)咳嗽

胸膜炎:明显,常呈干、痛短咳,胸壁受刺激或叩诊表现频繁咳嗽并躲闪。

胸腔积液:无。

(2)呼吸　浅快,腹式呼吸。

(3)叩诊和触诊

共同:渗出期叩诊呈水平浊音区,小动物水平浊音随体位而改变。

胸腔积液:同时可能并存有腹腔、心包积液和皮下水肿。

胸膜炎:触、叩有疼痛反应,而胸腔积液无痛感。

(4)听诊

共同:肺泡呼吸音减弱或消失,心音减弱,浊音区的上方呼吸音增强。

胸膜炎:在渗出的初期和渗出物被吸收的后期均可听到明显的胸膜摩擦音。渗出期听诊摩擦音消失。

(5)胸腔穿刺

胸腔穿刺液的检查:肉眼观察穿刺液透明度、颜色、凝固性,测比重;进行李凡他试验;离心穿刺液取沉渣涂片染色,观察细胞种类及数量,参照白细胞总数和体温情况,以鉴别胸腔积液为渗出液还是漏出液。

胸膜炎:可流出黄色或含有脓汁的液体(化脓性胸膜炎),含有大量纤维蛋白、炎性细胞和细菌,易凝固。李凡他试验阳性。

胸腔积液:穿刺液色淡、透明、不易凝固。李凡他试验阴性。

(6)体温

胸膜炎:升高。

胸腔积液:正常或稍低。

(7)血常规检查

胸膜炎:白细胞总数上升,嗜中性白细胞比例升高,核左移。

(四)确诊并制定治疗方案

综合上述检测结果,进行最终诊断。再依据诊断结果,制定出合理的治疗方案。

(五)治疗方案实施与跟踪回访

实施治疗方案且跟踪回访,了解效果,并依此调整和完善治疗方案。

(李锦春)

实训三　动物尿石症的临床诊断

一、实训目标

熟练掌握尿路结石的临床检查程序及诊断要点。

二、实训器材

X 光机,B 超诊断仪,尿常规检测仪,膀胱镜,显微镜,金属或软塑胶尿道探管,载玻片,盖玻片,擦镜纸,离心机,离心管,瑞姬氏染色液,二甲苯等。

三、技术路线

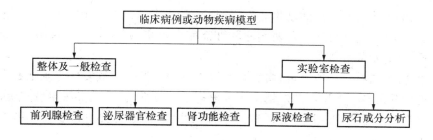

四、实训内容

(一)整体及一般检查

患病动物表现尿频、血尿、尿痛、尿淋漓、尿闭等较明显的症状时,可初步怀疑有尿石症。

1. 问诊

要详细询问畜主对于动物平时的饲养管理状况:是否长期饲喂高蛋白质、高磷的日粮,如动物内脏、肉制品等;是否长期饮水不足,水质是否含有多量的矿物质;是否长期使用某些药物等。另外,还要询问动物的病史,以及出现排尿困难或血尿等相关症状的时间、此次发病的病程进展、症状表现;以及主人所做的处理、接受过的治疗等情况。

2. 整体及一般检查

初期,动物常会出现排尿不畅,尿频(即频繁且长时间地做出排尿动作,但尿量减少),尿淋漓,并且经抗生素、利尿药物治疗无效等共同症状。

由于动物体质,病程长短,结石的位置、大小、形状等因素的差异,可引起肾、膀胱或尿道不同程度的损伤。动物表现食欲减退,精神沉郁,被毛杂乱无光,腹部敏感,步样拘谨,尿痛(即由于排尿困难、疼痛而呻吟、惨叫等),尿量减少等症状。有时会断续排尿或点滴排尿,甚至排尿突然中断。可能伴发血尿,甚至尿液中带有砂石。另外,由于病程过长,尿中大量的代谢废物及毒素吸收进入血液循环,患病动物可能出现嗜睡、昏迷,体温下降,心音变弱,呼吸缓慢、呼出有氨味的气体,有时呕吐等表现,发生尿毒症而逐渐衰竭。

临床上尿石症由于其发生部位的不同,会出现稍有差异的症状表现。

(1)肾结石　肾结石大多发生于肾盂,有肾盂肾炎的表现,如不愿运动、步态强拘,肾区有疼痛反应,甚至可波及小腹部,可能会有血尿等。继续发展可能会形成肾盂积水。

(2)输尿管结石　患病动物表现痛苦,不愿走动,常有剧烈腹痛的表现,腹部触诊有疼痛反应,出现血尿。若两侧输尿管都完全阻塞,则无尿液进入膀胱,导致无尿或尿闭,引发肾盂肾炎。

(3)膀胱结石　一般来说,膀胱结石可以分为原发性和继发性膀胱结石。原发性膀胱结石大多呈单个卵圆形结石。一般多发于雄性动物,大多跟膀胱炎症、神经性膀胱功能障碍、膀胱憩室、前列腺增生、尿道狭窄等疾病有关。继发性膀胱结石通常是草酸盐、磷酸盐和尿酸盐等的混合性结石,为多个较小的结石。膀胱结石的临床表现如以下几个方面。

①排尿突然中断:为其典型症状,因排尿时结石移动堵塞膀胱出口而致尿线突然中断,改变体位后又能继续排尿。

②尿痛:由排尿时结石对膀胱局部的刺激和损伤引起,可放射至阴茎头部和远端尿道。有时可伴有尿频、尿急等尿路刺激症状。

③排尿困难:结石位于膀胱三角区,紧贴膀胱颈部,增加了排尿阻力。若结石嵌于膀胱颈口,可出现明显排尿困难和排尿疼痛。

④血尿:因结石摩擦膀胱黏膜或合并尿路感染所致,可出现肉眼可见的血尿。

⑤尿路感染:可表现尿频、尿急、尿痛和脓尿。动物尿频,每次只能排出少量的尿液。尿液混浊,带有纤维素性或黏性絮状物,或者排出的尿液中带有血丝,甚至出现血尿。触诊膀胱,动物的敏感度增高;若结石较大,触诊或可触及。

(4)尿道结石　主要症状为排尿困难、尿频、尿血;患病动物不断出现蹲坐式、努责、呻吟;早期当尿道不完全阻塞时,动物尿频,排尿时间显著延长、有疼痛表现,尿液呈点滴状或断续线状,有血尿。若完全阻塞,则尿闭、尿液潴留。患病动物精神沉郁、食欲废绝,有脱水表现,脉沉紧数;另外可见腹围增大,最终发展成膀胱麻痹、膀胱破裂或尿毒症,多发于雄性动物。雌性动物尿道结石的发病率相对较少,通常为一个或者多个较大的结石阻塞在尿道中,且多为膀胱结石,表现为尿频、排尿带血,病程较长等临床症状。

原发性尿路结石往往与某些疾病容易混淆。需与之鉴别的疾病有:

①尿道狭窄:主要症状为排尿困难、尿流变细无力、中断或滴沥,并发感染时亦可有尿频、尿急、尿痛及尿道分泌物。某些外伤性尿道狭窄亦可能扪及尿道硬结。尿道狭窄往往无肾绞痛史及尿砂石史,而有其原发病因,如损伤、炎症或先天性、医源性等原因;其排尿困难非突发性;尿道探通术可于狭窄部位受阻;X 线平片无结石阴影,尿道造影可显示狭窄段。

②非特异性尿道炎:可有尿痛、尿频、尿急及尿道分泌物,慢性非特异性尿道炎可并发尿道狭窄而出现排尿困难。非特异性尿道炎无肾绞痛或尿砂石史,无急性排尿困难,尿道扪诊不能触及硬结,X 线检查无结石阴影。

③尿道损伤:可有尿道外口出血、尿道内疼痛及排尿困难,尿潴留,并发感染时可有尿道分泌物。尿道损伤一般有明确损伤史,常伴尿外渗、局部皮肤肿胀、皮下瘀血,试插导尿管不易插入膀胱,并可由导尿管引出数滴鲜血,X 线平片可见骨盆骨折等征象,无结石阴影。

④尿道痉挛:可有尿道疼痛和排尿困难等症状,往往由精神紧张、局部刺激等

因素引起。尿道痉挛无尿砂石史及尿频尿急等症状,不能扪及尿道硬结,尿道探通术可正常通过,X线检查无异常,用镇静剂后症状可缓解。

⑤尿道异物:引起尿道梗阻时,可出现排尿困难,甚至尿潴留。异物刺激或继发感染时,可有尿频、尿急、尿痛及血尿。X线检查可见尿道内充盈缺损,尿道镜检查可见异物。

(二)实验室检查

1. 前列腺的检查

外部或直肠触诊前列腺,了解其大小及敏感度,如有必要进行B超检查。

直肠指诊可触及增生的前列腺向直肠内突入,中间沟消失。膀胱造影见膀胱颈部有负影向膀胱内突入,膀胱颈抬高。B超检查时,前列腺增生膀胱区平片没有不透光的阴影。如前列腺正常,进行下一步检查。

2. 泌尿器官检查

(1)X光检查 普通X线检查能够显示密度较高、直径大于5 mm的阳性结石其部位、大小、多少,还可以观察到膀胱的大小、形态,以及腹腔某些脏器的位置、形态等。膀胱区平片对不透光的异物,有鉴别诊断价值。X线片上应注意排除静脉石、淋巴结钙化、动脉瘤钙化、肾结核及肿瘤钙化等。或怀疑有膀胱、尿道破裂等情况时,可进一步进行尿道—膀胱逆行造影检查,常用泛影葡胺作造影剂。若经由导尿管将造影剂注入尿道和膀胱,使之产生明显的密度差异,在X线投照下可凸显尿道和膀胱的影像,便于观察其位置、形态及其与周围组织器官的关系,更清晰地反映出病变情况。静脉尿路造影不仅能够显示结石的部位、肾有无积水,还能评估肾的功能。

(2)B超检查 B超诊断技术不仅能够显示出密度低的阴性结石的影像,而且也提供鉴别诊断资料,如结石与肿瘤、血块,上尿路结石与胆结石等鉴别。B超如看到结石上方的尿路扩张,对尿石症诊断仍有参考价值。B超还能够检查膀胱内有无异物增生,膀胱黏膜的形态,以及膀胱是否破裂、膀胱壁有无增厚、赘生物等病变。膀胱镜检查是主要鉴别手段,可以直接看到输尿管下1/3段结石,尤其末端输尿管结石的性质、形状和大小,膀胱镜常能见到开口部充血、水肿、隆起,输尿管膀胱开口部结石,可窥见结石露出。B超发现结石而平片却看不到的情况较为多见。

3. 肾功能检查

结石的诊断一般不难,通过病史、体检、必要的X线和化验检查,多数病例可确诊。但同时应进一步检查肾功能,有无梗阻和感染,估计可能的原发病因。如出现呕吐等疑似肾功能衰竭的症状,应当进行肾功能检查及必要的离子检查,以辅助疾病的诊断和治疗。

4. 尿液检查

通过提取尿液样本来进行分析,判断尿液的尿色、尿量、透明度、酸碱度、红细胞、白细胞等一系列标准是否出现异常,进而可以初步诊断出是否患有泌尿系统疾病。在进行尿液检查时,会发现尿液有少量的红、白细胞。尿液检查结果一般可以做辅助参考。

5. 尿石成分分析

从 X 线平片可了解结石的大小、形状、数目、部位,观察结石的性状和致密度有助于对结石成分的估计。X 线片上显影的深浅和结石的化学成分、大小和厚度有关。

(1)草酸钙结石的表面形态与水合类型有关,二水草酸钙为带棱角的晶状,一水草酸钙结石表面较平坦或呈颗粒状。该结石由于掺杂血红蛋白而呈深褐色,其切面色泽一般是均匀的。其较小的结石表面有多个小的隆起,部分呈尖锐突起,如星芒状;较大的结石表面布满疣状物,如桑葚样。草酸钙结石在 X 线平片上的致密度最高。

(2)磷酸钙和磷酸镁铵结石表面略平整,结石多数体积较大,有时呈鹿角状填充于肾盏和肾盂。膀胱内呈卵圆形或锥形,憩室合并结石可为哑铃形。磷酸钙结石呈灰色至白色,表面粗糙,切面常有薄壳结构。磷酸镁结石大小差别较大,呈污灰色,部分易碎结石表现为泥灰状或浮石样结构。磷酸钙和磷酸镁铵结石的致密度较高。

(3)胱氨酸结石表面光滑或为颗粒状,颜色为黄色,呈蜡样外观。胱氨酸结石的致密度较磷酸盐稍小,表面光滑,显影均匀。

(4)尿酸结石多数体积较小,结石呈圆形或卵圆形,颜色为黄或棕色,表面光滑平坦,有时呈细颗粒状。

(赵长城)

实训四　猪、鸡跛行的鉴别诊断

一、实训目标

掌握站立及运动检查的方法、要领,并能从中发现患肢,推断患部。掌握患肢各部位的检查方法及操作要领,了解某一具体部位常发跛行的特征。掌握常见猪、鸡跛行的鉴别方法。

二、实训器材

X 光机,B 超诊断仪,检蹄钳等。

临床病例或实验猪、鸡。

三、技术路线

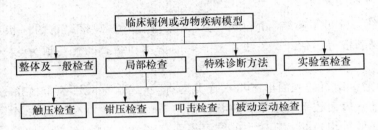

四、实训内容

(一)整体及一般检查

1. 问诊

注意询问要详细、清楚、全面,应着重询问以下内容:发病时间和可能的原因。跛行发生有几天啦,是怎样发生的,是哪一条腿发生跛行的? 病后的表现和治疗情况。在运动后,跛行减轻或加重了吗? 碰撞过吗? 比初发时加重吗? 最近滑倒过吗? 吃的怎么样,粪便怎么样? 家畜跛行后,治疗过吗? 效果如何? 以前跛行过没有,是哪一条腿跛行的啊,怎样好的啊? 病畜的饲养管理和使役情况。附近的同种畜禽是否也跛行过啊?

2. 视诊

目的是确定患肢和初步判定患部。视诊时应注意动物的生理状态、体格、营养、年龄、神经型、肢势、指(趾)轴、蹄形等;测诊时主要用卷尺量怀疑部位周径,并与对侧同一部位进行比较,或量怀疑部位的长度。

肢蹄的负重状态:患肢常呈减负体重(蹄着地不确实,负重时间短或频频交替负重)或免负体重(患肢悬提着或蹄尖轻触地面)。

肢蹄的局部变化:肢体有无延长或缩短;肢蹄有无破损、化脓、肿胀、疤痕、变形、萎缩等异常变化。

（1）站立视诊　距病畜约 1 m，从前后左右进行观察，主要检查病畜的四肢是平均负担体重的吗？并观察病畜的四肢的姿势、蹄形的情况。还应仔细观察以下内容：肢势有无异常，患肢常出现前伸、后踏、外展，系部直立，屈曲等异常肢势。患畜特征性症状表现及可能疾病如表 3-2 所示。

表 3-2　患畜特征性症状及相关疾病

特征性症状	推测疾病
有一肢频频提举	关节患病，如慢性膝关节炎、球节捻挫及化脓性蹄关节炎等
肢体向前伸或挺出	桡神经麻痹、坐骨神经麻痹、曲腱断裂或蹄叶炎等
肢体向后伸	膝盖骨上方脱位、股二头肌转位或胫前肌断裂
头颈高抬	两前肢有病
头颈低下	两后肢有病
头颈偏向对侧	一侧前后肢有病

（2）运步视诊　缰绳适当放长牵着病畜直线运动（先慢后快），检查者与病畜相距 3～5 m 观察。

①侧面观察：肢的提举、伸扬有无障碍；着地负重是否确实；四个蹄音是否相同；各关节屈曲、伸展是否充分；球节下沉是否充分；左右肢提举是否同高，步幅是否相等。

②前面观察：有无点头运动，即某一前肢有病时，患肢落地头上抬，健肢落地头低下；着地负重时肩关节有无向外突出；肢蹄有无内收或外展等情况。

③后面观察：有无臀部升降运动，即某一后肢有病时，患肢落地同侧臀部高抬，健肢落地同侧臀部低下；后躯有无摇摆，体躯是否呈直线前进；肢蹄有无向内或向外划弧等情况。

④圆圈运动：使病畜行逆、顺时针方向转圈，若内侧肢患支跛时跛行加重，而外侧肢患悬跛时跛行加重。

⑤回转运动：在直线快步运动中突然使病畜急速回转，致内侧肢突然增加负重，可使其支跛明显加重。软、硬地运动：在沙地或泥泞软地运动时，可使悬跛加重；在硬地运动时，可使支跛加重。

⑥上、下坡运动：上坡时可使后肢跛行或悬跛加重，下坡时可使前肢跛行或支跛加重。后退运动：强使病畜后退，髋关节患病时，后退的患肢提腿困难；膝关节患病时，后退的患肢过度高抬，落地负重困难。

（二）局部检查

目的是确定患部和判定病性。包括趾动脉的检查；蹄温的检查；钳压检查；系部与关节的检查；屈腱的检查；腕关节及前臂的检查；肩关节的检查；飞节的检查；膝关节与胫部的检查；髋关节与股部的检查。

①触压检查：用手指、手掌（手背）由蹄向上逐步触压（或触摸）蹄壁、皮肤、皮下组织、指（趾）动脉、关节、关节侧韧带、黏液囊、屈腱、腱鞘、骨骼及肢体上部的肌肉等，检查其有无感觉、增温、疼痛、肿胀、波动、变形、肥厚、骨质增生、肌肉萎缩等变化，以及指（趾）动脉是否亢进。

②钳压检查：用检蹄钳对蹄壁及蹄底各部进行钳压，观察患肢有无抽动和肌肉收缩现象。

③叩击检查：用叩诊锤或检蹄钳对蹄尖、蹄侧及踵壁进行先轻后重的敲打，若蹄有炎症时，可见动物的蹄急速提举或躲闪。还可根据叩击音的高低判定空蹄壁、角壁肿等。

④被动运动检查：将患肢提起进行屈曲、伸展、内收、外展及旋转等被动运动。当四肢骨关节、肌肉、腱和韧带患病时，经检查可知其疼痛反应程度和肢体运动机能改变的状态。此外，在骨折、纤维素性关节炎及关节囊肿时，本法与触压法结合可发现骨瓣啪音及摩擦音。

（三）特殊诊断方法

1. 测诊

同健侧比较，使用穹窿计、测尺、两角规。

2. 外围神经的麻醉诊断

（1）痛点浸润麻醉　用于局部性外生骨疣、韧带炎、腱炎（特别是腱的复头部炎症）、飞节内肿等。

（2）传导麻醉

①远籽骨滑膜囊炎：可麻醉掌（跖）神经掌（跖）支。

②指（趾）部：麻醉小掌（跖）骨头部位的掌（跖）神经，包括掌（跖）深神经。

③掌部和腕部：麻醉正中神经和尺神经。

④跖部和跗部：可麻醉胫神经和腓神经。

3. 关节内和腱鞘内麻醉诊断

（1）应用范围　浅表的、外观明显关节腔和腱鞘，并确认滑膜周围组织无病变。

（2）防治感染　严格消毒,注射时将皮肤向旁移动注射后皮肤针孔与腔壁针孔错开。

（3）确定腔位　腔内液体多时,针刺入瞬间,滑液溢出;腔内液体少时,注射器可抽出滑液。

（4）麻前排液　麻醉液注射前,吸尽腔内液体。

（5）麻后诊断　麻醉后,牵遛 5～10 min。15～20 min 后检查跛行是否消失。

4. X 射线诊断

（1）骨及关节疾患　骨折、骨膜炎、骨质疏松、骨坏死、骨化性关节炎、关节周围炎、关节脱位、肌肉、腱和韧带骨化。

（2）组织内进入异物　子弹、炮弹片、针、钉子、铁丝等。

（3）关节囊或腱鞘破裂　关节囊和腱鞘内注空气后照射,充满空气说明没有破裂,空气进入皮下说明破裂。

5. 直肠内检查

主要用于髂骨、坐骨、耻骨、腰椎、荐椎有无骨折的检查。也用于盆腔内脓肿、动脉栓塞等的检查。

6. 热浴检查

腱和韧带等软组织炎症,热浴跛行减轻;闭锁性骨折、籽骨和蹄骨坏死或骨关节疾病所引起的跛行,应用热浴以后,跛行加重。

7. 斜板试验

（1）蹄骨、屈腱、舟状骨、远籽骨滑膜囊炎及蹄关节的疾病等,疼痛加剧,动物不肯在斜板上站立。

（2）蹄骨、远籽骨骨折者,禁用斜板试验。

（四）实验室检查

1. 关节、腱鞘、黏液囊炎症

检查腔内液体颜色、黏稠度、细胞成分及氢离子浓度、炎性细胞、混浊状态、血液。

2. 关节内骨折

抽出物中常含血细胞和脂肪颗粒。

(五)鉴别诊断

经上述方法检查后,对一些比较典型的疾病和重度跛行,一般可确定患部、判断病性和定出病名。但对一些慢性的、轻度跛行的,两个肢以上同时患病或一个肢多处同时存在病患的病例,就需要将收集到的材料加以综合分析,全力找出其突出的示病症状,并通过鉴别诊断法或试治,最后作出诊断。

1. 猪跛行综合征的鉴别诊断

猪跛行是养猪生产上较为常见的一种非传染性疾病,临床上多呈散发,多数体温变化不明显。生产上如果处置不当,很易造成猪丧失其生产应用能力,造成不必要的经济损失。究其原因,主要有机械性损伤、骨营养代谢不良、产后血钙骤降、神经炎、生理性应激等。因此,在兽医临床诊治中应根据其致病原因加以区别,便于制定较为合理的防治方案,加快患猪痊愈和降低生产损失。临床上应根据发生跛行的相关症状,做好鉴别诊断,如表 3-3 所示。

表 3-3　猪跛行综合征的鉴别诊断

病因	病名	主要临床症状
营养性	矿物质不足或缺乏	多发生于保育猪、妊娠后期母猪或生长迅速的育肥猪。除发生与钙、磷比例失调相同的症状外,常出现消化紊乱、异嗜,后期出现四肢关节疼痛,四肢骨骼弯曲,运动出现不同程度的跛行。严重时出现关节肿大,步态不稳、强直性痉挛、麻痹、瘫痪
	缺铜	仔猪多见,而大猪很少发生。共济失调,后肢叉开,弯曲呈蹲坐状,急转弯时易摔倒,后躯麻痹,卧地不起
	佝偻病	多发生于刚断乳的仔猪。小猪长骨骨端粗大,肋骨与肋软骨连接处明显肿大,并形成圆形结节,四肢关节骨骼肿胀,呈二重关节,站立时,四肢弯曲,严重的呈"X"或"O"状肢势
	低血糖症	多见于出生后 1 周以内的仔猪,主要发生在冬春季节,表现四肢软弱无力,步态不稳,后卧地不起,痉挛抽搐,头向后仰,呈角弓反张姿势
	产后瘫痪	母猪精神较差,眼结膜苍白。体温 39~39.5℃,采食量略有下降,产后两后肢突然表现无力或瘫痪,奶水不足或无奶,严重者四肢均不能站立,表现四肢发硬,步幅不均及共济失调,站立困难。卧地不起,痛觉反应渐次低下,肛门反射消失并松弛
	硒和维生素 E 不足或缺乏	引起肌肉营养不良(白肌病)、仔猪肝营养不良、桑葚心、肌病性跛行等。主要表现为骨骼肌变性、坏死、肝营养不良以及心肌纤维变性等变化

续表3-3

病因	病名	主要临床症状
风湿性		多突然发生,体温变化不明显。早期轻微跛行和肢体部分僵直,中后期关节肿胀,用手触摸有热、痛感,关节屈伸不灵活。一般先从后肢起,逐渐扩大到腰部乃至全身。病猪患部肌肉疼痛,多喜卧,驱赶时可勉强走动,或出现弓腰和步幅拘谨(迈小步)等症状。且跛行可随运动时间延长而逐渐减轻或消失,局部疼痛也逐渐缓解。体温在38～39℃,呼吸次数、脉搏稍有增加,食欲减退
神经性		多表现在青年猪。开始出现后肢单侧跛行,进而表现两后肢跛行或无力,其他生理指标未见异常。特别是腰荐部剧烈外力作用后更容易引起后躯瘫痪
		肩胛上神经麻痹,站立时,肘关节高度向外突出,肩关节外偏,胸前有掌大凹陷。运动时,患肢提举前进时无任何障碍,当患肢着地负重瞬间,肩关节偏向外方与胸壁离开,胸前出现掌大凹陷,明显支跛。局部:一般2～3周后,冈上肌、冈下肌出现明显肌肉萎缩
机械性	骨折	特有症状:肢体变形、异常活动、骨摩擦音
	关节脱位	本病多发生于髋关节和膝关节。肩关节、肘关节、指(趾)关节也可发生。常是突然发生,有的间歇发生,或继发于某些疾病。典型症状:关节变形、异常固定、关节肿胀、肢势改变、机能障碍
	肌肉断裂	常发生于肌肉弹力和反弹力小的部位,如肌肉的骨附着点、肌纤维与腱的胶原纤维结合处。有时是部分断裂,也有时为完全断裂
	关节扭伤	在临床上表现有疼痛、跛行、肿胀、温热和骨质增生等症状。由于患病关节、损伤组织程度和病理发展阶段不同,症状表现也不同。此病最常发生于系关节和冠关节,其次是跗、膝关节。急性系关节扭伤时,注意观察系关节站立状态,一般表现以蹄尖负重,患肢弯曲,系关节屈曲不敢下沉,系部直立。运动时表现系关节屈伸不充分,不敢下沉,蹄负面不全着地,常以蹄尖接地前进,表现明显的后方短步,而且越走越重
		触诊关节内侧或外侧韧带,明显热痛、肿胀,被动运动时,疼痛剧烈,病畜反抗
	指(趾)深屈肌腱断裂	开放性断裂多在掌部或系凹部。完全断裂时,突然呈现支跛。站立时以蹄踵或蹄球着地,蹄底向前,蹄尖翘起,系骨呈水平位置。运动时,患肢蹄摆动,以蹄踵或蹄球着地,球节高度背屈、下沉。断裂发生于骨附着部位时,系凹蹄球间沟部热痛肿胀,腱明显迟缓。如发生于球节下方时,则可触到断端裂隙及热痛性肿胀。如与指(趾)浅屈肌腱同时发生断裂时,则蹄尖的翘起更明显

续表3-3

病因	病名	主要临床症状
机械性	跗关节浆液性滑膜炎	多取慢性经过,检查时注意关节外形的改变,在关节内、外侧及前面形成三个椭圆形凸出的柔软肿胀,压迫肿胀时,可感到其中有液体,而且来回流动,有明显波动,除急性者外,一般无热无痛,多数病例缺乏跛行。但滑膜囊高度肿胀时可出现跛行。如为急性经过,肿胀、热痛明显,跛行显著,站立时患病关节有时不断屈曲和提肢
蹄病性	指(趾)间皮炎	特征是皮肤呈湿疹性皮炎的症状,有腐败气味。症状:蹄敏感,表皮增厚和稍充血,有渗出物,有时形成痂皮。病变局限在表皮
	指(趾)间皮肤增殖	指(趾)间红肿、脱毛,过度增厚,伸向地面,压迫坏死、感染、恶臭、跛行、泌乳量下降、蹄变形。多发生在后肢
	蹄裂	损伤、震荡、干燥、热性病、营养代谢缺乏是其病因。多发生在前肢
	蹄底溃疡	多发生在后肢的外侧趾。症状:站立时,趾尖负重;患肢抖动;运动时,跛行,在硬地尤为明显;患蹄增温;角质红色或黄色,压诊发软;有时缺损角质,暴露真皮,不规则肉芽生长
	蹄糜烂	本病进展很慢,除非有并发症,很少引起跛行。轻病例只在底部、球部、轴侧沟有小的深色坑,在进行性病例,坑融合到一起,有时形成沟状,坑内呈黑色,外观很破碎,最后,在糜烂的深部暴露出真皮。糜烂可发展成潜道,偶尔在球部发展成严重的糜烂,长出恶性肉芽,引起剧烈跛行
遗传性		由遗传缺陷造成的先天性肢蹄缺陷所致的跛行,如内趾过小、多趾、独趾、八字腿(腿外翻)、屈肢、直腿等

2. 鸡跛行综合征的鉴别诊断

鸡的跛行原因极为复杂,主要是由遗传、营养、传染和环境等因素所致。轻者生长受阻,影响增重,重者则终身残疾,造成大的经济损失。鸡跛行综合征的鉴别诊断情况见表3-4。

表3-4　鸡跛行综合征的鉴别诊断

病因	病名	主要临床症状
机械性外伤		骨折、扭伤
营养代谢病	关节痛风	可见于关节(趾关节)的软骨、关节周围组织、腱鞘和韧带等,尿酸盐积聚结节,使关节或趾间肿大变粗。病鸡的爪趾和腿部关节肿胀,两腿运动乏力,剖检可见关节表面及四周组织中有白色尿酸盐沉着

续表3-4

病因	病名	主要临床症状
营养代谢病	Ca、P 比 例 失调	生长鸡表现两腿无力,走路不稳,跛行,重者侧卧不起,两腿叉呈"八"字,成鸡产蛋量减少,产软壳蛋。剖检股骨易折,可捻碎状,股骨柔软易弯曲,骨骺生长板增宽,嘴喙变软如橡皮,龙骨呈"S"形,肋骨与脊柱结合处呈串球状肿大
维生素缺乏	维生素 B_1 缺乏	引起鸡多发性神经炎和外周神经麻痹,患鸡厌食,腿软无力,步伐不稳,趾向内卷曲,刚开始患鸡扬头高抬脚行走,随病情发展,跗关节着地移动,身体屈曲腿上,重者两肢瘫痪,卧地不起,两腿伸直,头向后呈"观星"姿态
	维生素 B_2 缺乏	病鸡趾爪向内蜷缩,以一只脚行走或以跗关节着地行走,或一腿朝前一腿向后,行走困难,关节肿大,走时两肢展开维持身体平衡。腿部肌肉萎缩并松弛,皮肤干而粗糙;后期病鸡不能运动,只是伸腿卧地。剖检时可见坐骨神经和臂神经明显肿胀和松弛,坐骨神经可超正常 4~5 倍
	维生素 E 缺乏	产蛋种鸡所产的种蛋孵化率明显降低,胚胎常在孵化的第4天或更晚时间死亡;所孵出的雏鸡发病后,因为发生脑软化,常表现共济失调,两腿麻痹,倒地侧卧,腿外伸,一侧性角弓反张,头向下或向后缩,双腿发生痉挛性抽搐,行走不便,最后不能站立
	胆碱缺乏	可引起骨短粗症,跗关节增大,脚弯向旁边而产生滑腱症
	烟酸缺乏	雏鸡:腿部关节肿大,趾、爪呈痉挛状。生长鸡缺乏烟酸时,生长停滞,关节肿大,骨短粗,出现腿骨弯曲,行走困难
	尼克酸缺乏	跗关节肿胀,行走困难
	生物素缺乏	可引起脱腱症,足底和趾皮肤皲裂,出血,结痂,足垫皮炎
	维生素 A 缺乏	腿关节肿大,关节囊中有白色尿酸盐,行走困难
	叶酸缺乏	病鸡生长不良,羽毛发生不正常,贫血和骨短粗症,行走异常
	维生素 D_3 缺乏	腿极端无力,行走困难,呈身体坐在腿上的特殊姿态(蹲伏姿势),以后鸡嘴、脚爪和龙骨变软,易弯曲
矿物质缺乏	Zn 缺乏	病鸡表现两腿软弱,运动失调,长骨短粗,跗关节肿大,腿脚皮肤鳞片状,重者发生坏死性皮炎
	锰缺乏	引起胫关节粗大,胫骨远端和趾骨近端扭转或弯曲,最后从腓肠腱滑脱,行走困难

续表3-4

病因	病名	主要临床症状
中毒	霉菌毒素污染	可诱发肉用雏鸡的胫软骨发育不良
	痢特灵中毒	病鸡表现兴奋不安,不断尖叫,头后仰,展翅飞奔,无目的运动,最后全身震颤,抽搐而倒地死亡
	抗球虫药物中毒	使用过量或长期使用拉沙里菌素,可引起踮脚行走和进行性腿无力,共济失调和麻痹。红霉素或氯霉素与牧宁霉素、盐霉素、甲基盐霉素等任一种抗球虫药合用时,会引起腿无力和麻痹
	庆大霉素中毒	可引起腿型痛风病
	肉毒素中毒	患鸡表现颈部肌肉麻痹,头颈软弱无力,向前伸头,翅腿麻痹,行为困难
环境管理不善		鸡舍内寒冷、湿度大、垫料潮湿、换气不良,特别是缺少氧气的环境,可诱发鸡脚弱
		笼养蛋鸡在炎热季节管理不科学,高产鸡常发生脚软无力,不能站立,侧卧或瘫痪,产薄壳或软壳蛋
		光照影响。间歇光照(1 h光照,2 h黑暗)时的脚弱发生率比连续光照低得多

（赵长城）

附录三 畜禽普通病检测技能实训考评方案

项目		考评内容	考评形式与方法	时间/min	分值	备注
（一）基本理论	客观题	各种穿刺、导尿、冲洗方法；B超及X光操作原理和方法；血液的采集与保存方法	笔答 多媒体演示或纸质试卷	30	45	考生同一时间完成
	主观题	胃肠炎、呼吸器官疾病、尿道结石和跛行的临床诊断思路及病例分析	笔答 多媒体演示或纸质试卷	30	55	
（二）基本技能	采集血液	猪和鸡的采血，根据操作结果回答问题	考官验证	20	10	考生从中随机抽取2项
	穿刺	猪的胸腔、腹腔、膀胱和关节腔穿刺，根据操作结果回答问题	考官验证	20	10	
	导尿与膀胱冲洗	导尿与膀胱冲洗的方法，根据操作结果回答问题	考官验证	30	10	
	尿液检验	尿液检查，根据操作结果回答问题	考官验证	30	10	
	粪便检验	粪便检查，根据操作结果回答问题	考官验证	30	10	
	肺部X光	肺部X摄光，根据操作结果回答问题	考官验证	30	10	
	B型超声	B超妊娠诊断，根据操作结果回答问题	考官验证	30	10	

续表

项目		考评内容	考评形式与方法	时间/min	分值	备注
（三）综合技能	胃肠炎的诊疗试验	胃肠炎病例的诊断和治疗，根据操作结果回答问题	考官验证	30	100	考生从中随机抽取1项，同一时间完成
	呼吸器官疾病鉴别诊断	呼吸器官病例的诊断，根据操作结果回答问题	考官验证	30	100	
	尿道结石鉴别诊断	尿道结石病例的诊断，根据操作结果回答问题	考官验证	30	100	
	跛行的鉴别诊断	跛行病例的诊断，根据操作结果回答问题	考官验证	30	100	

（王希春，韩春杨，李锦春，赵长城）

主要符号列表

缩写	英文	中文
d	day	天
h	hour	小时
min	minute	分钟
s	second	秒
g	gram	克
mg	milligram	毫克
μg	microgram	微克
kg	kilogram	千克
mL	milliliter	毫升
cm	centimeter	厘米
mm	millimeter	毫米
μm	micrometer	微米
mm^3	cubic millimeter	立方毫米
mol/L	molar concentration	摩尔浓度
pH	potential of hydrogen	酸碱度
kPa	kilopascal	千帕斯卡
mmHg	millimetre(s) of mercury	毫米汞柱（液压单位）
U	Unit	单位
U/mL	unit per milliliter	每毫升单位
μg/mL	micrograms per milliliter	每毫升微克
r/min	revolution per minute	每分钟转数
cfu	colony-forming unit	细菌群落总数
cfu/mL	colony-forming unit per milliliter	每毫升细菌群落总数
SPF	specific pathogen free	无特定病原体

缩写	英文	中文
EDTA-2Na	ethylene diamine tetraacetic acid disodium	乙二胺四乙酸二钠
PBS	phosphate buffered solution	磷酸盐缓冲液
TAE	Tris-acetate-EDTA buffer	Tris-乙酸-EDTA 缓冲液
ddH_2O	doble distilled water	双蒸水
Hank's 液	Balanced Salt Solution	平衡盐溶液
DMEM	dulbecco's modified eagle medium	细胞培养基
TCID50	tissue culture infective dose 50	50％细胞感染量
PCR	polymerase chain reaction	聚合酶链反应
RT-PCR	reverse transcription PCR	逆转录 PCR
ELISA	enzyme-linked immunosorbent assay	酶联免疫吸附试验
AGP	gel diffusion test	琼脂扩散试验
HA	hemagglutination test	血凝试验
HI	hemagglutination inhibition test	血凝抑制试验
Ag	antigen	抗原
Ab	antibody	抗体
EP 管	eppendorf tube	微量离心管

参 考 文 献

[1] 孙志良,罗永煌. 兽医药理学实验教程. 2 版. 北京:中国农业大学出版社,2015.

[2] 王国杰. 动物生理学实验指导. 北京:中国农业出版社,2010.

[3] 栾新红. 动物生理学实验指导. 北京:高等教育出版社,2012.

[4] 中国农业大学动物病理学教研组. 家畜病理生理学实验指导. 北京:中国农业大学,2010.

[5] 杨玉荣,焦喜兰. 动物病理解剖学实验教程. 北京:中国农业大学出版社,2012.

[6] CLSI. Performance Standards for Antimicrobial Susceptibility Testing; Twenty-Third Informational Supplement. CLSI document M100-S23. Wayne, PA: Clinical and Laboratory Standards Institute,2013.

[7] 陆承平. 兽医微生物学. 4 版. 北京:中国农业出版社,2009.

[8] 胡桂学. 兽医微生物学实验教程. 北京:中国农业大学出版社,2006.

[9] 姚火春. 兽医免疫学实验. 北京:中国农业出版社,2006.

[10] 陈溥言. 兽医传染病学. 5 版. 北京:中国农业出版社,2006.

[11] 赵德明,张仲秋,沈建忠. 猪病学. 9 版. 北京:中国农业大学出版社,2008.

[12] 姜平,郭爱珍,邵国青,等. 猪病. 北京:中国农业出版社,2009.

[13] 崔治中. 鸡病. 北京:中国农业出版社,2009.

[14] 关伟军,马月辉. 家养动物细胞体外培养原理与技术. 北京:科学出版社,2008.

[15] 陈国宏,王永坤. 科学养鸭与疾病防治. 2 版. 北京:中国农业出版社,2011.

[16] 胡凤娇. 家禽传染病防治手册. 北京:中国农业出版社,2015.

[17] 王建华. 兽医内科学. 4 版. 北京:中国农业出版社,2010.

[18] 谢富强. 兽医影像学. 北京:中国农业大学出版社,2011.

[19] 王洪斌. 兽医外科学. 5 版. 北京:中国农业出版社,2014.

[20] 李云章. 兽医专业毕业实习指导. 北京:中国农业出版社,2013.

[21] 王哲,姜玉富. 兽医诊断学. 北京:高等教育出版社,2010.

[22] 李培英,魏建忠. 动物医学实验教程. 北京:中国农业大学出版社,2010.